藍學堂

學習・奇趣・輕鬆讀

創業基因啟動碼

商業周刊30週年 最強創業案例精選

8 大創新面向 × 58 則創業實例 ×
87 個秘訣，關鍵提示一點就通！

創業就得找商機、定客群、爭機會，怎麼做？
讀一則，偷學他人十年功！

商業周刊——著　黃俊堯——審訂．導讀
台大工商管理學系暨商學研究所專任教授

各界好評

《商業周刊》是二十世紀末、二十一世紀初台灣知識分子共同的回憶，過去三十年，我們曾在多少輛晃動的電車上、多少個從冷坐到熱的馬桶上讀過它幫我們挖掘出來的企業案例故事，伴我們從社會基層一路上升，給了我們繼續和這個世紀纏鬥的動力。藉由這套三十年案例精選套書，商周將這些行銷、管理、創業故事加入了學理架構，成為馬上可以放進公事包的MBA教科書。我毫不猶豫地想預訂三套，一套給自己，一套給我接班的部屬，另一套則給自己的孩子，給他做為告別校園、進入職場的第一套課本。

——Mr. 6劉威麟／網路趨勢觀察家

我曾是忠實的《商業周刊》訂閱用戶，但由於忙碌常常沒時間翻閱，一週又一週很快過去，未讀的雜誌越疊越高。我身為快節奏、高效率的網路工作者，常想有無可能出版「《商業周刊》精彩內容懶人包」，讓我一次看完所有報導和案例，跟上其精彩內容。這個願望實現了！《商業周刊》三十年精選套書不但蒐集歷年來重要的國內外案例，我特別喜愛「一點就通」的key point整理，這是一本所有管理者、創業家、自媒體工作者的實用教戰手冊，在事業卡關時可隨時翻閱尋找靈感。

——于為暢／資深網路人

《商業周刊》見證了台灣過去三十年的經濟發展史，其中最重要的就是企業的興衰起落。這些經典的企業案例，都是經濟長河中值得展讀再三的典範，發人深省，啟迪智慧。

——何飛鵬／城邦媒體集團首席執行長

創業、管理、行銷，在我看來已不是專業技能，更非只是商管學生必修學科，在網路快速變遷時代，我認為它就是職場、商業必須具備的競爭能力！因為，創業思維純熟者，對於商業洞察、思維、解決能力會比一般人強上數倍；掌握管理訣竅者，對於職場晉升、薪酬倍增上也會來得更迅猛；而擅長行銷者，對於個人品牌、工作崗位上，則有助拓展人脈與開創更多機會。相信閱讀完這三本書，將在你職涯突破口上，給予最大的養分及助力！

——許景泰／SmartM 世紀智庫執行長

只有經過時間考驗還能歷久彌新才是趨近真理的東西。一個歷經三十年仍然不朽的知識，就是有用的知識。《商業周刊》出版的全套書籍就是這樣的屬性。每篇都是當時應景，事後可以回味，最終可以參考的文章。放在書架，一旦思路有點糾結，就信手翻閱，就像點子的抽籤筒，跳出相關又不相關的案例，正是刺激點子，獲得啟發的好方法，好書！值得向您推薦！

——葉明桂／奧美集團策略長暨奧美廣告副董事長

很多商場上的道理，就算再多人拍胸脯保證「這次不一樣」，事過境遷以後再回頭看，其實都不是新鮮事。我一直很喜歡閱讀其他公司的案例。而這是一套讀起來簡單，但一邊讀一邊想就變得很不簡單的書。書裡的很多案例，都不僅僅是個故事。倘若能把背後的道理拿來應用，對自己的工作，將會有相當大的助益！

——萬惡的人力資源主管／知名職場部落客

念書的時候，我讀日本企畫高手寫的書，他說企畫是用腳寫出來的，不是用手寫出來的；就業以後，老闆告訴我要用心去融入顧客情境——看來用心體會比用腳旁觀更重要。這套書累積了很多好的案例，幫大家節省了很多腳程，值得一看；但更重要的是，要找機會去體驗這些案例，才能夠學到門道喔！

——劉鴻徵／全聯福利中心行銷部協理

《商業周刊》對我而言，有三個意義：

1.我從信義房屋業務與主管時期就看的雜誌。

2.我在管理與行銷創意的點子和新知的來源。

3.商周專欄是我在創業階段最重要的助燃器。

由黃俊堯教授導讀與審訂，三合一的《商業周刊》三十週年紀念好書，一面觀看、一面咋舌，嘖嘖稱奇，令人讚歎，我彷彿沉浸台灣經濟起飛過程中，最重要的洪流裡。

我用以下幾句話推薦這套書籍：

行銷點子製造機，市場廝殺搶先機；

管理妙招便利貼，對上對下服服貼；

創業基因啟動碼，攻城策略翻轉法；

三冊合一商周慶，三十週年讀者心！

誠摯推薦給每一位辛勤工作的您。

——謝文憲／知名講師、作家、主持人

《目次》

第4章 洞燭機先的本事——機會：產業和市場改變，創業者敢於違背市場既有的遊戲規則

第5章 要比客戶更善變——機會：人口結構改變，創業者對焦經營沒人在乎的客群

第8章

創業精神

導讀

創業面面觀

黃俊堯

致力創新組合，改寫遊戲規則

我們在創業者（entrepreneur）身上，可以清楚看見兩種並不互斥，但未必共存的強烈動機。其一，是想巨幅改善自己的財務狀況（利己）；其二，是想讓這個社會發生自己想看到的顯著改變（利他）。現代意義的創業者動機光譜，以上述兩種動機為兩個端點，涵蓋各種可能。

從這個角度來說，大家有點熟又不太熟的孔子，便是個不折不扣的（利他型）創業者。如果把《論語》當作閒書看，在框架了不知多少代中國讀書人的連篇大話間，還是有些縫隙，能讓我們看到以本來面目示人、有人味兒的孔子。話說，子貢有回向某高官大力吹捧自己的老師，直道上天不只讓孔子作聖人，還讓孔子多才多藝。孔子聽了，不免苦笑感嘆，於是有「吾少也賤，故多能鄙事」這段大家都聽過的自白，後頭還酸了啣金湯匙出生的達官貴人一句。晚近「創業」成為顯學，「創業精神」（entrepreneurship）跟著廣被談論。孔子以言行感召生徒，為傳揚理想而周遊列國、席不暇暖，在在就是「創業精神」的質樸實踐。

這些年來接觸到若干事業有成，回學校進修的社會人士。其中不乏媒體鮮少報導，但奮鬥歷程鮮活精彩的各業開拓者。這些廣義的創業者，過去幾十年間的拚搏，在社會各角落創造了一個個小奇蹟。昔日所謂的台灣經濟奇蹟，除了媒體版面上常提及的醒目企業故事外，基底其實是由一群並不知名的小奇蹟所撐起。若要盤點這些小奇蹟的交集，則公約數大致難脫「少也賤，故多能鄙事」的背景，以及席不暇暖的拓荒行徑。

當今談論創業精神，最常被溯源提及的思想家，是藉由創業精神概念解釋長期經濟發展的經濟學家熊彼德（Joseph Alois Schumpeter, 1883-1950）。生於歐陸、擔任過奧地利財政部長、納粹興起後轉往哈佛發展的熊彼德，不似同期聲名遠播的凱因斯般體系完整，也不落新古典經濟學追求工整均衡的窠臼。他定義創業者為在「不斷變動崩解的土地上」站穩腳跟，敢於改寫遊戲規則，並且有本事重新組合產品、技術、市場、資源與組織等面向裡既有元素的人。重要的是，這樣的創業者足以打破市場中或者既有的均衡狀況。「動態失衡」不斷發生，便是經濟發展的主要動能。

無論古今，社會上都找得到創業精神的蹤影，都有著勇於走自己的路的創業者。按照熊彼德的詮釋，創業者的每一項成功，都建基於其直觀的洞察。而此直觀的洞察，是種明辨事象真偽的本事，也是種判斷什麼是事象本質、什麼是枝節的能力。此外，按照熊彼德的說法，創業者不是個職業，也不是個階級；一個人只有致力於創新組合的過程，才擔得起創業者的名號。而不管過往曾經如何精彩，一旦安逸地用和大家沒兩樣的方式經營，就不再是創業者了。

「創新」有其來源與特徵可循

本書的內容，擷取自《商業周刊》三十年來的報導精選。這其中的主角，有個人、有新創事業、有從零開始的白手起家，也有大型企業的內部創業。不同背景下，故事主角都用各自的方式挑戰既有規則以改變現實。貫串著不同故事的，就是這些廣義創業者的創業精神。編者在本書中，依照彼得·杜拉克的經典《創新與創業精神》討論*，將案例按七種創新的來源（以及連帶而生的七種創業機會，如表1）編排。杜拉克所提及的七種機會，彼此間其實並不互斥；因此，每個案例到底應歸屬於何種機會，當然也就沒有所謂的「標準答案」。

表1：本書援引自杜拉克概念的編排架構

	創新的來源	**創業機會的詮釋**
機會一	意外事件	創業者掌握意外狀況的本質
機會二	現象不一致	創業者用創意填平期待與現實間的落差
機會三	流程所需	創業者解決別人怎樣都解決不了的問題
機會四	產業和市場改變	創業者敢於違背市場既有的遊戲規則
機會五	人口結構改變	創業者對焦經營沒人在乎的客群
機會六	觀念改變	創業者用與一般人不一樣的角度看事情
機會七	新知識	創業者用還沒人有的真本事打天下

＊ Peter F. Drucker (2006), *Innovation and Entrepreneurship*, Harper Business (Reprint). 中譯本可見：《創新與創業精神：管理大師彼得．杜拉克談創新實務與策略（增訂版）》，臉譜，二〇〇九。

如果換另一種角度解讀書中案例，我們可以看到書中羅列的當代創新創業之舉，還有以下幾種特徵：

- **藉由新平台創造新價值**

例如活化社區閒置資源的e袋洗、線上串聯中國醫師與病患的丁香園、媒合獨特設計品供需的 Pinkoi、讓顧客自行組裝旅遊體驗的 KKday、鼓動內部創業的海爾HOPE創新平台、讓社區警衛室變為平台的彩生活等。

- **聚焦深耕特定客群**

例如不收過路客的大樹先生的家、專注於回頭客經營的家島列島、聚焦於銀行不碰的顧客的我來貸、透過共享機制讓職業婦女也能安心照顧孩子的媽咪廣場、把自己嵌進酒店生態圈的香港 handy 手機等。

- **積累獨特不敗的能耐**

例如近期藉由技術創新與聚焦品牌經營而轉型的宏碁、藉由掌握關鍵數據而與同業共榮的可樂旅遊、在田野中不斷尋找機會的正翰生技、長期累積口碑的486團購、二十年磨一劍的廣達雲端伺服器事業等。

● **以創新商業模式更合理地服務市場**

例如以創新服務模式經營醫療布服市場的美德耐、以新時代企畫者之姿吸引顧客的蔦屋、從製造到銷售都改變遊戲規則的日本 Factelier 服飾、日本因應大量同學會需求而新生的同學會代辦服務、替企業仲介處理電子禮券業務的宜睿智慧、靠智慧財產而非大堆頭明星以營利的漫威等。

● **重新定義市場競爭的規則**

例如順著顧客心態改變既有經營假設的愛普生、貫串價值鏈讓在地冰品找到藍海的芒果恰恰、串聯合作工廠打群架的陸友纖維等。

不斷去做能讓自己覺得驕傲的事

本書中第二章案例14提及創辦維京（Virgin）集團的李察・布蘭森（Richard Branson），即是個典型的創業家。布蘭森憑藉獨特的行事作風，開拓新事業的過程，一幕幕就是創業精神的體現。

布蘭森打中學時期起就想賺錢。一年春天，他和朋友盤算，如果在家裡的空地種四百棵耶誕樹，十八個月後的耶誕節前，樹應能長到六呎高；屆時若以每株兩英鎊的市場價賣出，就可以賺八百英鎊——對於一九六〇年代的中學生，這是筆天文數字般的大錢。於是兩人花了五英鎊買耶誕樹種子，在復活節假期間犁土播種。不料到了夏天，卻發現樹苗竟都被野兔吃了。一肚子火下，他們索性大量射殺野兔，再拿兔肉賣錢。

後來，布蘭森和朋友又辦起一份面向學生族群，就叫作《Student》（即「學生」）的雜誌。對於市場有敏銳嗅覺的年輕布蘭森，很快就從讀者群中觀察到：年輕人通常捨不得花多些錢吃飯，卻很捨得花錢買唱片，而且越難買到的唱片市場價格就越高。於是，在無意間取的維京（Virgin）名號之下，就著比別家便宜的市場定位，他做起了郵購唱片的生意。弄熟了郵購唱片的眉目，布蘭森接著開了唱片店；通路端熟了之後，又進軍做音樂產品。從發行一張風格與眾不同、一炮而紅、後來被電影《大法師》（*The Exorcist*）拿去當配樂的器樂唱片（*Tubular Bells*, 1973）開始，經營維京唱片公司。

幾十年過去，維京集團包山包海地把觸角拓展向航空、郵輪、零售、銀行、媒體、旅館、健康、太空等領域，不斷嘗試「重新組合產品、技術、市場、資源與組織等面向裡的既有元素」。

按照布蘭森自述，當他在倫敦西區的地下室開始辦雜誌創業時，並沒有任何規畫或策略藍圖，也沒意識到將要建立什麼商業王國。對他而言，創業就是不斷去做能讓自己覺得驕傲的事，把人才聚起來，創造新事物，從而改善眾人的生活。因此，創業並不是份工作，而是種「生活模式」。至於這種「生活模式」有沒有範本？布蘭森說：「沒有一個娃兒是按著手冊學怎麼走路的。邁步、跌倒，然後才學會走路。」

借前人故事，壯自己心志

創業有成者，大概多能同意布蘭森的見解。創業這檔事，不可能循著範本走，靠的終究是不斷摸索。但創業者如能從眼見耳聞的他人成與敗中有所體會，也許可以少走些冤枉路。

從類比時代到數位時代，對於廣義（涵蓋個人與組織）的創業一事，市場上流行著若干與事實不盡相符的刻板印象。幾十年來對於創業者的各種研究便屢屢指出，有所成的創業者，並不如一般以為的偏好風險，也少靠妥善的創業計畫把路走通。後頁表2把傳統上對於創業的刻板印象與當代創業觀並列，供有興趣的讀者參考。

前頭提及的孔子和布蘭森，雖然背景、個性、事業、風格都千差萬別，但都一樣敢夢、敢戰、敢持續走和別人不一樣的路。他們都是致力創新組合、改寫遊戲規則的創業者。熊彼德曾說，這樣的人物，在任何社會中都不會太多。這本書整理、介紹系列的當代事例，或許能讓當下與未來的創業者做些參考、壯壯心志。

表2：兩種不同的創業觀

	傳統的創業假設	當代的創業假設
創業者追求	財務報償	各種成就動機的滿足
世界觀	未來是可預測、可精細規畫的	未來無法預測，充滿各種可能
行事風格	依既有遊戲規則界定明確目標	突破既有框架，創造新的現實
關鍵條件	既有豐厚多元的資源	以旺盛的動機累積資源
行動形態	準備妥善才上路，照規畫路徑走	摸著石頭過河，接受樞紐轉折
風險假設	創業者享受風險	創業者清楚可接受的最大風險
社群關係	傳統關係網絡	傳統關係網絡＋數位社群新可能
失敗	丟臉的事，想方設法掩蓋	正常的事，是後續行動的燃料

（本文作者為台灣大學工商管理學系暨商學研究所專任教授）

第1章

找出市場缺口

機會：意外事件——創業者掌握意外狀況的本質

1930 年代早期，IBM 為銀行開發現代化計算機，卻因銀行不想購買新設備，而使公司陷入困境，後來卻因意外抓住「紐約公共圖書館想買機器」的機會而救了公司。1957 年，福特推出「艾索」（Edsel）車款的失敗，讓福特發現新的市場區隔原則，並推出「野馬」（Mustang）回應市場而獲得成功。真正有創業精神的企業，經理人應該在「機會」與「問題」兩方面花費相同的時間。

01

大膽放棄舊獲利模式

客戶愛改機，愛普生順應改產品

二〇〇八年，愛普生創立以來最年輕的社長碓井稔接手時，正值平板電腦與智慧型手機崛起，印表機市場日益萎縮，產品價格也暴跌。然而，逾七成營收來自印表機的愛普生影像機器事業部，營業利益卻六年大增三・四倍（自獲利最低點二〇〇九年算起），使愛普生起死回生。除此之外，市占率更從二〇一三年的一九・五％成長至二〇一四年的二一％，是全球前三大印表機品牌中，唯一市占率成長者。

碓井稔改變局勢的秘訣，正如他所說的：「重新認識自己。」

在二〇〇八年之前，所有印表機的市場商業模式是：便宜賣硬體，搶攻市占率，後續再靠賣耗材賺錢，在管理學裡稱為「刀片與刮鬍刀」模式。二〇〇六年，愛普生印表機的營業利益還創下新高，一年賺進八百多億日圓的利潤。然而，金融海嘯後，市場競爭越趨激烈，同業開始賠錢賣硬體，一台兩千元的印表機，需要消費者再買三次墨水才能賺錢，七千元以上的高價機種得賣出五組墨水才有獲利。

相較於同業，愛普生的硬體賠錢，卻更無力在耗材獲利。二〇〇八年，影像機器事業部賺的錢，只剩下前一年的三六%。

消費者改機，破壞原有獲利結構

這是在印表機產業裡，一直浮不上檯面的灰色地帶。

二〇〇八年，愛普生成立專案小組到中國調查，走進廣州當地人稱為「假貨一條街」，小店外面堆了十幾台愛普生的印表機，都快碰到天花板，一詢問下全部都是要改機。店家說，因為「愛普生最耐用，惠普和佳能改了，動不動就故障」，粗估中國每年改機至少有兩百萬台，約占愛普生每年近一〇%的出貨量。

這群改機業者，在光華商場隨處可見。他們會跟消費者收新台幣一千元到兩千元的改機費，把印表機改成「連續供墨」，就可以不受限制地使用其他廠牌墨水。後者的價格是原廠的一半不到，單張列印成本是原廠的十五分之一。愛普生等於用虧錢價格賣硬體，又賺不到墨水錢，形同兩頭空。

在改機風潮中，愛普生受傷最深。惠普原廠耗材回購率高達八成，愛普生卻僅有六成，等於有四成消費者，都因為改機而不再埋單愛普生的耗材。

多數人碰到這個窘境，直覺都是狀告這群改機業者，讓灰色地帶消失，或是警告消費者，這樣改機會損害印表機壽命。

向傷害自己獲利的對手學習

碓井稔走入了光華商場，跑到各國市場看完後，回到日本卻問大家，為什麼不跟這群改機業者學習？他認為，很多人都去改機，就表示這是他們需要的；而做產品本來就應該做出客戶想要、需要用的東西。

碓井稔希望內部可以開發連續供墨機種，等於不用消費者改機，而是直接推出改機後規格的機種。新的機種，硬體售價拉高兩倍到三倍，但是把墨水匣印量增加七倍，讓消費者單張列印成本是原本的十五分之一，等於讓消費者不用買他牌墨水就能享受低單價。

但這個策略大轉彎，讓愛普生內部吵翻。新社長要跟光華商場的改機小店學習，而這群人就是間接吃掉自己獲利的人！甚至，這等於把過去二十多年深信的「賠硬體，賺耗材」信念，一次改為提高價格從硬體獲利。原本習慣賣便宜硬體的業務更是反彈：「價格太高了，賣不出去吧？」更何況，當時印表機市場還在走下坡。賣耗材的業務單位則質疑：「我們不再從墨水賺錢了嗎？」

內部依照區域不同，還分成兩派。原廠墨水購買率低的新興市場國家贊成，但是反對最強烈的是歐美市場，因為當地消費者有九成都會買原廠墨水，現在不僅要改機，還一次給消費者比以前多七倍的墨水，等於自砍獲利。

即便碓井稔已經決定要跟董事會報告策略轉變，但報告前卻發現，部屬提供的資料根本不齊，必須一再退回重修，顯示大家根本沒有決心轉變。

豪賭，是為回應消費者需求

一邊是已經沿用超過二十年的成功模式，一邊是過去被認為非正規的灰色市場邏輯，大家都質疑，這是場豪賭。

然而，碓井稔對內部說：「每個人都想要贏，但我希望大家想想，現在市場上，到底是誰回應了消費者需求？是改機業者最了解顧客吧！終究還是得回歸客戶的價值。」既然要聽消費者的聲音，就徹底、認真、放下姿態地傾聽，即便這個訊息是透過自己曾經看不起的競爭對手傳達出來的。

「與其說我們是學習改機業者做的東西，不如說他們定義了市場需求在哪裡。」他說。低迷的環境，給了碓井稔一股斷然改革的助力。二〇一〇年，愛普生就推出第一台連續供墨印表機。

為讓內部方向一致，碓井稔強化了經營階層報酬與股價和獲利連結，並且簡化機型，由每年銷售二十五種機型減少一半為十二種，聚焦行銷資源。到了二〇一五年，連續供墨機種已占全球出貨量四成以上，影像機器事業部的營業利益率也比二〇〇六年獲利創新高時多了五．六％。

碓井稔坦承，從客戶心聲中，才讓愛普生看清自己——其實，他們的噴頭更耐用，因此也許不該採用跟對手一樣的策略，該發展出屬於自己的道路。

更耐用的噴頭，讓愛普生可以大膽走大印量的連續噴墨道路，其他對手想學也跟不上。

▼一點就通

• 真正把客戶聲音聽進去，即使要革自己的命，也要義無反顧地滿足顧客，才能看到新機會，受到顧客的熱情擁抱。

聽進客戶的聲音，愛普生社長這樣做

- **狀況1：當客戶意見很多，什麼才該聽？**

到現場去：仔細觀察客戶怎麼使用產品。

自我檢視：回應客戶需求前，先認清自己的強項，在自己能給目標顧客最大價值的地方發揮。

- **狀況2：如何避免技術本位阻擋顧客傳達心聲？**

換位思考：技術只是一種手段、工具而已，真正滿足客戶，讓客戶開心使用產品，才是工程師的最高目標。

02

把「在地」賣上國際

研究生創立台灣雜糧啤酒品牌，打開新市場

禾餘麥酒，台灣第一家與農夫契作的啤酒公司，以台灣小麥、越光米、台南白玉米等在地作物為原料。然而，禾餘麥酒創辦人陳相全認為，他們做的不是啤酒，而是創造一個能夠真正代表台灣的農產品。

高中在美國念書的陳相全，說著一切的緣起：當台大老師講課時說起，農夫在生產鏈上的弱勢，低廉的收購價如何讓農夫放棄耕種，而消失中的台灣雜糧產業與原生作物，又將降低多樣化的生態系，削弱台灣抵抗極端氣候的能力。他一邊想起在美國聖地牙哥酒廠工作時，為了搶收好的原料，生產者享有的強勢地位。

為什麼不創辦一個用台灣原料釀造的精釀啤酒品牌，以此提高台灣雜糧作物的收購價？陳相全想展開一場台灣雜糧復耕的釀酒實驗。

看似狂妄的夢想，卻讓人看見新的可能，不只老師支持，連同學也想加入。他們從系內提案開始，用萬把塊的夢想基金，開始了這場實驗。

從精釀啤酒風潮看到市場需求

沒有酒廠、沒有資金，陳相全眼中的機會，是看準了精釀啤酒市場的興起。以美國聖地牙哥為例，除了他曾工作的酒廠被大品牌以十億美元收購之外，還有一百多家中小型釀酒廠，都以特色配方在市場上活躍。

隨著美、英國家解除釀酒管制，釀酒廠以數十倍的速度增加，以獨立、小量為主的精釀啤酒已占美國全國市場的三％；亞洲則從泰、星、日開始，精釀啤酒風潮一路吹至中國、香港、台灣，光是台灣，就出現了二十幾個品牌。

有市場需求，但大品牌如金色三麥，靠開餐廳接觸顧客群，沒有資本的禾餘，卻是靠「在地特色」出線。

由於以台灣穀物釀造，讓禾餘在特定族群中快速竄起，消費者在選擇時，有一半以上是因為「在地特色」，願意嘗試一百五十元的禾餘啤酒，而且因為味道好，大概有三成會再買一瓶。這個定位，讓這個四人的學生團隊初試啼聲即贏得口碑，第一年賣出兩萬瓶啤酒，且由於諸多鋪貨點為特色咖啡店，所以還創造出到咖啡店外帶啤酒的客群。

但在地特色，也讓他們的成本多上數倍；例如台南白玉米價格比進口玉米多了一．五倍，而在台中契作小麥，成本則比國外進口小麥多了六倍以上。

而且，釀一罐在地的啤酒，還要從大麥復耕開始。大麥是釀造啤酒的基底，但大麥田早已在台灣消失，陳相全等人從五百克大麥種子開始復育，花了三年才有一百多公斤產量。

台灣大麥離量產還需一段漫漫長路，陳相全轉而把酵素含量相對較低的小麥拿來嘗試，並以此為論文題目，花了半年時間，他跌破眾人眼鏡釀出一〇〇％小麥釀造的啤酒，並以此創造出第一支啤酒配方「白玉」。

越在地，才有機會在國際市場出頭

在地的代價，還包括農產品最大的挑戰：量產後的品質穩定。小農為主的台灣，沒辦法一次生產夠多品質相同的釀酒原料。禾餘除了採契作，從生產者端開始控制品質，還存取每年出產的小麥，以混合方式確保啤酒風味穩定，配方口味表現相同。

陳相全說，雖然氣候、土壤、微生物等不可控的因素，是農業中最頭痛的不穩定因子，卻也是讓各地啤酒風味與眾不同的因素。越在地，就有機會在國際市場上突出。陳相全認為，做農業最有趣的，就是比別人更懂得怎麼控制那些「不可控」因素。過去，他在美國先從八十種啤酒的風味判別學起，如今，他去到田間，看栽種將如何影響風味。

要控制農業中的不可控，禾餘的做法，是為釀造原料建立檔案庫。從甘蔗、菊花類植物到茶葉等逾四十種，記錄每種作物在釀造時表現的風味，下一步，對適合的雜糧，更深入地從種植條件到蛋白質含量、出酒率、灰分、醣化效率等，一項項仔細記錄。

為了讓雜糧復耕，他們不但公開資料庫，也公開啤酒配方，只願能影響更多啤酒廠，就算達成任務。

陳相全坦承，因用料成本高、初期研發投入高，讓禾餘財務只能打平，一度考慮在示範作用發酵後，把公司收掉。

禾餘違反規模化製造業的思考，卻符合根經濟經營規則，後來的劇本超乎他預期。一瓶一百五十元的台灣精釀啤酒，在二〇一五年走進逾四十家通路，除酒吧之外，咖啡店、獨立書店反而成為禾餘銷售主力，讓不喝酒的人喝酒了。砸重本扎下的根，也讓禾餘接到海外訂單。中日韓港都對還在校園的他們招手。

禾餘被看見的不只是一年內開發出的四款啤酒，其配方及釀酒能力，讓他們能夠帶著配方到德國酒廠生產，還能擔任顧問，與其他品牌共同開發新產品。

過去，很多台灣人不覺得本土農產品有價值，但旅外歸來的陳相全，卻希望培養禾餘茁壯，進軍海外，讓啤酒成為代表台灣的農產品。

相較於珍珠奶茶、鳳梨酥，禾餘使用的雜糧仰賴土地的獨特性，包括氣候還有土壤裡的微生物，一旦他的配方在國際受到歡迎，即使啤酒不在台灣釀造，原料的出口也會帶動台灣穀物的耕種。

走訪各國酒廠的他說，要走遠，唯一的一條路，就是把根扎更深。

一點就通

- 所謂的國際化，若只是用國際原料或做法，反而容易失去特色。反之，越能發揮在地內涵，往往越有鮮明特色，才是面向國際舞台的最大競爭力。

03

利用剩餘資源

運用不同市場特性，仲介、轉手，賺價差

美勝商（MerchantRun）是做網路上的跨國行銷，執行長黃健曾在雷曼兄弟（Lehman Brothers）負責股票承銷業務，在台灣分公司承銷過程中發現，許多台灣科技產業都為如何減少庫存、提高資金流動率而頭痛。黃健看到其中具有商機，因為同樣的庫存品，透過網路拍賣，能找到比賣給台灣本地批貨商高出一倍以上的價格。於是，他辭掉分析師工作，創立美勝商。

美勝商獲利的方法是用網拍幫廠商銷售存貨。照相手機問世後，許多廠商倉庫裡還留有照相手機出現前所流行的外接式相機模組，以一套成本三百五十元來算，兩千套成本就要七十萬元，流行熱潮一過，存貨就會失去價值。

過去存貨要換回現金，只能賣給批貨商，而且一套勉強只能賣七十元，回收兩成現金，賠掉八成。於是美勝商開始跟這些廠商合作，替產品免費拍照，用十三種語言寫產品說明，再放上三十個不同國家的 eBay 網站，供使用者競標。最後這些手機用外接式相機，以一個七百七十元的高價賣掉，比原來存貨的出清價高出十倍。

因為這個產品在當時手機應用還不發達的法國和德國，其實還正流行，賣出之後，美勝商從中抽取二〇%到五〇%不等的服務費，廠商則可回收存貨成本。

落後國家市場利潤更高

另一個例子是台灣電腦顯示器製造商唯冠科技，把產品 Proview 螢幕做成巴西螢幕市場第二大品牌，只輸給三星。

唯冠在一九九九年進攻巴西市場的原因，是台灣企業拚命往單筆訂單很大的歐美市場擠，但真正高利潤的市場是比較落後、比較不易打入，需要慢慢經營的地方。董事長楊榮山曾說：「很多地方是很迷人的，像伊朗，一年一百萬台的量，價格比外面高三〇%。」

楊榮山善於找高毛利市場盤活廢棄工廠，他曾去中國、巴西及俄羅斯，用極低的價錢買下閒置甚至廢棄的廠房及設備。

當競爭對手花大錢買地買設備蓋廠，投產後還在攤提折舊時，楊榮山在現金調度與成本上就相對占有優勢。

網路平台降低訊息落差，創造三贏

手機機款日新月異，許多消費者買新手機時，舊款回收的估價往往偏低，因此乾脆送人或棄置一旁。

中國這個全球最大行動市場，每年廢棄手機高達一億支，回收率卻不到一%。原因正是多數人仍找不到確保手機回收最高價格的捷徑。這時，如果有個網路平台，讓人不用出門，就能將舊手機回收價最大化，就會提高回收意願。

中國第一家C2B（消費者對企業）電子產品競價回收平台「愛回收」保證，能幫賣家拿到數十家回收商競標後的最高價格。例如，一支功能正常的 iPhone 4S，二〇一四年在中國其他回收網站的報價一般不超過新台幣五千元，街頭回收價甚至不到二千五百元，但在愛回收的平均價格約六千五百元。

對一般用戶而言，不必出門就能享受回收服務。只要上網填寫手機品牌、型號、使用情況等資訊，北京及上海的用戶，可由檢測人員免費上門驗貨並付現。檢測人員會帶著平板電腦到府驗貨，其內建的估價系統提示SOP檢測步驟，包括內部是否拆修過、基本功能是否正常等，檢測員只要確認各項狀況，系統會自動「建議」回收價，用戶還可再議價；其他地區用戶可由快遞到府收貨。

對回收商而言，傳統回收途徑效率不好、品質參差不齊，透過愛回收平台能買到經過品質檢測的一整批回收品，翻修、加工後再委託愛回收賣出，因此樂意參與競標，付佣金給愛回收。

愛回收成立六年以來，已累積三千萬用戶，每月交易訂單量達一百萬筆。

勞動力資源重新分配

在人口老化日趨嚴重的日本，照護市場業者正轉型中，開創出老、幼混搭的複合事業，是將老人潛在的能力，活用在同樣缺乏人力的「托兒」服務上。

「團體家屋 Kirara 東綾瀨」在大樓底層附設幼稚園，每天中午開放老、幼同樂的親子活動，就像有爺爺奶奶隨時看守著孫子一樣，上百名不到五歲的幼童，能在園內自由跑跳，讓老人即使不住在家，也能享受含飴弄孫之樂；另一方面，也讓原來須奔波接送小孩的父母，省下時間與金錢成本。

現在活躍於日本照護服務市場的業者，是私人醫院與診療所合成的「複合體」，不單直營老人保健設施、訪問看護站，也把各種不同類別需求納入考量，營造複合型小規模多機能機構。

一點就通

- 嘗試用「資源回收」的角度來檢視庫存，A市場不要的，可能是B市場需要的。
- 將整個社會資源的剩餘價值最大化，是一大商機。
- 隨時思考如何用單一產品或服務解決兩種以上的問題。

04

信任是資產

美妝評論網@cosme，把認證貼紙變鈔票

在琳琅滿目、推陳出新的日本美妝保養品中，許多消費者都會注意到一個貼在商品上的小貼紙：「@cosme」，標示著該商品是某年度的第幾名人氣商品。這枚小貼紙，背後代表的是足以左右日本美妝美容業的 @cosme 網站；三分之二介於二十至三十九歲的日本女性每個月至少會逛一次這個網站，它也是全球最大的女性美容產品資料庫，創立於一九九九年，每月活躍用戶數高達一千四百萬名，而在線下，也是全日本營業額最高的藥妝店。

在日本，一年一度的 @cosme 美容大賞，等同於美妝界的奧斯卡典禮。二〇一六年，iStyle 年營收一百四十三億日圓（約合新台幣三十九億元），二十六歲就創辦 @cosme 的吉松徹郎表示，表面上，他們好像在經營網站，但過去十幾年以來，他們一直都在做數據庫，其實是一家數據公司。

在 @cosme 的數據庫中，光是年齡、性別和膚質三個維度，就可以組合出八百四十種不同面貌的消費者，還不包含每名消費者的購買和使用商品行為，及多達二十七萬種的商品變數。

從數據研究著手，堅守公信力

雖然吉松徹郎創業的切入點，是想在網路上販售化妝品，但他明白若一開始就這樣做，會直接和化妝品業者為敵，於是決定從累積數據著手。因化妝品廠商最需要的，就是對手的消費者資訊，在十幾年前，還沒有任何一家公司能做到跨品牌的消費者數據研究，吉松知道，一旦掌握了關鍵數據，化妝品廠商就不能沒有它。

為了確保數據的公信力，@cosme 用一套相當複雜的演算法，過濾廠商花錢購買的評論和不實評論，並且從二〇〇二年開始製作 @cosme 大賞排名及商品認證標章。

為了確保演算法的中立，就連吉松本人都不清楚排名的生成邏輯，也從來不會涉入評價之中，以避免品牌商要求他調高其產品評價。

如今，無論是專櫃還是開架品牌，都是其數據庫的客戶，化妝品廠商透過 @cosme 找到符合需求的目標客群，進行廣告投放或行銷活動，甚至重新制定產品研發策略。

把影響力延伸到實體店

@cosme 商品認證，是其最早的O2O（Online To Offline，編按：從線上到線下的商業模式）策略。吉松很早就在思考，該如何把影響力延伸到線下實體店，他曾嘗試在店面放螢幕播放 @cosme 排行榜，以及在店面設實體排行榜，但最後成功的卻是其排名貼紙。他發現，消費者拿到商品時，就是他們最靠近消費者的時候，因為有很多 @cosme 的使用者會在店面查詢商品評價，因此他們乾脆把標籤放上去。

沒想到後來這個標籤竟成了暢銷商品的護身符，曾經有一款卸妝油因為貼了 @cosme 第一名的標章，在一個月內銷售量大增三倍到四倍。化妝品公司開始紛紛向它請求取得貼紙的授權，@cosme 於是開始收取標章授權費。但若沒有足夠公信力，要廠商花錢買標章貼紙，並不容易。

取得化妝品廠商的信任之後，@cosme 隨即開始在網路上販售化妝品，且因網路售價和實體店面一模一樣，所以化妝品廠商沒有抵制。二〇〇七年，他們甚至在東京新宿開出首家線下實體店「@cosme store」，這家店後來成了日本藥妝店店王，一年衝出十四億日圓營業額。實體通路和電子商務是完全不同的邏輯，但 @cosme 殺出一條生路，獲《日本經濟新聞》評為日本最成功的O2O案例之一。

傳統藥妝通路是根據廠商折扣和優惠，決定每一款產品的進貨量，但吉松認為，一款產品的進貨量，應該和其人氣指數成正比，於是開設了強調「消費體驗」和「網路思維」的 @cosme 實體店。

位於東京有樂町的 @cosme 分店，相比於一般日本藥妝連鎖店掛滿促銷字卡，其實體店陳設就乾淨許多，不打促銷戰。一進店，最顯眼的就是根據其網站人氣排名的商品，同時依功能和使用者膚質分類，而非品牌。店內九成以上商品都能試用，所以洗手台和有彩妝師站台的梳妝台分布在店內各處，貨架轉角甚至放了一台電腦，供消費者隨時查詢商品資訊。

@cosme 實體店的目的並非創造規模經濟，而是打造體驗，因此十年來，在日本才開二十家店，台灣則是其第一個海外據點。

一點就通

- 精準洞察消費者的需求，並實際付諸行動提出解決方案，就能以創新打進既有市場，不與競爭者為敵。
- 試著思考大數據的分析與應用，就可能創造一門好生意。

05

放大小生意

路邊攤芒果冰，賣到亞洲五國

原料產地來自南台灣的愛文芒果冰，成為長榮航空日、韓航線的機艙餐點。和長榮聯名推出冰品，替本土農產品插上翅膀的，是放棄外商大藥廠百萬年薪，在路邊攤跨出創業第一步的「芒果恰恰」執行長張智閔。

二〇一〇年，芒果恰恰只是一個在台北東區廢棄環保回收場空地上，撐起三支陽傘的路邊攤，第一天只賣出七碗芒果冰；然而，如今卻是在日、韓等亞洲五國，開出九家店的跨國連鎖店。

日本原宿一號店開幕時，一碗售價二千八百五十日圓（約合新台幣七百五十元）的特大號芒果冰，更成為《朝日新聞》報導焦點。二〇一四年，該品牌消耗掉的國產愛文芒果量，達二百五十噸，換算約一百五十萬碗芒果冰。

農家子弟的他，離開藥廠後，一開始先是替竹山老家在微風等百貨底下的頂級超市賣農產品，他發現，有機文旦、葡萄、芒果等高價水果，買的人雖有限，卻是主要獲利來源，尤其是芒果，顧客愛恨分明，品質好的愛文芒果，再貴都有人買。而且，芒果是全世界貿易量排名第五的水果，冬天就算台灣人不吃，也會有觀光客接受。

但要在冬天賣芒果冰，必須有創新的商業模式，芒果恰恰因此改變冰果店現切現賣的作業形態，把門市後場直接拉到產地，找專業食品加工廠配合，將新鮮芒果現地急速冷凍製成芒果條，如此一來，不管距產地多遠，也不受季節限制，只要解凍切丁，便能開店賣起原汁原味的芒果冰。

創造更高附加價值

同樣拿出百來萬元積蓄開店，相較於多數人想開一家馬上賺錢、快速回本的排隊店，張智閔思考的是，怎樣讓一家店不只能走出台灣，更能幫面臨產銷失衡的本土農產品找到出路，因此要開一家能在全球複製的店。

以芒果為例，將盛產期的芒果拿來做芒果冰，比製成芒果乾至少能創造五倍以上的附加價值。

因此，他不但鎖定芒果單一主題，到海外展店更只推台灣愛文芒果，完全不考慮就地取材。張智閔融合了產地的一級農業優勢、鮮食工廠的二級加工業，以及冰店的三級服務業，建立一條龍式「六級產業」（編按：同時兼具農業、工業、服務業，一級加二級加三級產業的經營樣態），是芒果恰恰能走向藍海的關鍵。

串起產地到門市，創造出的附加價值遠大於單純農產品外銷，並同步發展服務業品牌，這是張智閔覺得最驕傲、可以幫台灣水果找出路的創新模式。

一點就通

- 放大格局思考，讓進入門檻相對較低的冰果店，也能跳脫島嶼內的同質競爭，成為打通國際市場的好生意。

06

開闢新市場
勇闖南洋打天下，綠河翻身泰國木材大王

在泰國南端的宋卡府，有一片接近台灣大小的橡膠樹林，綠河公司就在此用廢棄的橡膠樹淘金，成為台商木材王。

綠河是泰國前五大木材加工企業中，唯一一家台商，董事長謝榮輝和總經理黃登士，是一九九七年亞洲金融風暴後，勇闖南洋創業的國小同學檔。

他們生產的實木板材和塑合板（Particle Board）是目前木質家具材料、建材主流，而產品原料一〇〇%來自當地橡膠樹。

當年，這條南洋拓荒創業之路的難度很高，但敢挑難走的路走，正是他們的成功心法。

最早選泰國，源自謝榮輝任職建設公司時曾外派泰國工程專案，三十歲時到泰國創業當貿易商賣主機板和零件，三年後賠了三百萬，只好回台做包裝棧板生意。

沒想到，幾次和台灣南部木材前輩到馬來西亞、印尼東馬婆羅洲等地，深入原始熱帶雨林找木材的經驗，讓他發現了別人沒看到的機會。

之前的泰國南部，沒有台灣人要去收橡膠木，因為早期在東南亞經營木業的台商，主要

集中在華語較通的馬來西亞、印尼等國，加上和柚木、紫檀木、花梨木等傳統高價木源相比，橡膠樹樹徑僅約三十公分，須蒐集大量才能進一步運用，當年並非受歡迎木材。

做同業不要的生意，付現以取信農民

但謝榮輝相信，環保是長期趨勢，東南亞熱帶雨林可能因禁伐無法長久使用，而橡膠樹屬於農作物，橡木過了二十五年採收期後，橡膠汁液便無經濟價值，許多膠農將其整片焚毀，再種新樹，正好可以把橡膠樹廢物利用。

若和木材業前輩在紅海競爭，比快比不過，比大比不過，三十七歲的他要替自己找舞台，只能挑同業不要的生意做。

雙方認識近三十年、中鋼前執行副總經理杜金陵觀察，謝榮輝眼光放得比其他人遠，為了掌握橡膠樹原料，到偏僻的泰南落地生根勢在必行。

原本在上櫃公司長鴻營造上班的黃登士，在老同學號召下來到泰國，看到泰國政府獎勵農民種橡膠樹取膠，木材來源無虞匱乏，團隊又有當地人沒有的橡木處理技術和管理能力，於是決定留下來和老同學一起打拚。

儘管發現藍海，接下來的難關，卻是和當地人缺乏互信，買不到橡膠樹原料。人生地不熟、語言不通，建立第一個原料木材集散站時，他們連橡膠樹實際種在哪裡、農民是誰、道路、運送路線等都不熟悉。

等到實際接觸到膠農，對方看他們是外國人，寧可優先把過了採收期的橡膠樹賣給同時崛起的泰國商人，或認為外國人早晚都會走，不如現在先騙，比如一次賣十萊（編按：泰國面積單位，約合〇．一六公頃），但到園裡點樹，卻發現實際上可能有五萊都死了。

雙方諜對諜，兩個月後收貨仍不順利，為爭取信任，他決定使出撒手鐧：付現。由於付款快且沒有減價，就賣方利益而言，他們會是第一選擇。但這不是沒有風險，他們創業之初資金有限，若客戶訂單不如預期、週轉不及，流動現金很可能就會出現缺口。

和對手合作，用品質和數量綁住客戶

溝通障礙也是大問題。

原本，膠農習慣把木材剪成一百公分賣，謝榮輝卻因家具規格要求長度增加二五％，光這點就很難落實。因為泰國人跟台灣人不同，台灣人對買家，邊聽買家需求就邊在想要怎麼解決，但泰國人沒等買家講完，就已經說No。

謝榮輝剛去的前兩年還不太能適應泰國人，後來他告訴自己：對方不改變，只好自己改變。畢竟急也沒用，只能耐著性子，花時間從基本觀念開始教。

就在他第一年設廠苦熬時，天上掉下來一個機會。馬來西亞為保障國內家具業者，開始禁止木材出口，又遇上台商家具業在中國快速崛起，需求量大增，兩因素造成橡膠木材供不應求；而和泰國競爭者相比，他有人脈、技術和中文優勢，率先搶下中國家具製造代工台商客戶。

他們也打破藩籬，和競爭對手合作，讓他們的木材集散站持續擴點，甚至二〇〇三年躋身泰國最大實木出口商，一個月能出口三百貨櫃。當時中國家具製造代工台商的木材用量非常大，光只有綠河一家也供不應求，與其和泰國對手惡性競爭，他們寧願攜手合作，用穩定的品質和數量綁住客戶。黃登士透露，當地競爭者不懂技術，他們就免費開放參觀，又替對方介紹客戶；對手拜訪農民時，發現有些區域離自己太遠，也開始釋出善意主動打電話轉介，就這樣一步步建起規格、勢力範圍等遊戲規則。

泰國是全世界橡膠產量最多的國家，二〇一五年底東協經濟共同體（AEC）上路，關稅與物流門檻更低，有助綠河把原料蒐集範圍擴大到馬來西亞等國，並拓展東協內需市場。市場與公司前景帶來的機會，吸引各國人才進駐。

以地理位置看，泰南是東協的中心，距離中東、印度、南洋、中國、東北亞都不遠，謝榮輝在全世界最好的位置賣最好的材料，潛力可以想像，整個亞洲都將是他的目標市場。

一點就通

- 盤點自身條件，勇敢與供應商、對手合作開發新環境，就能闢出新市場，並造就自身難以取代的重要地位。

第 2 章

痛點就是商機

機會：現象不一致——創業者用創意填平期待與現實間的落差

1960 年代，白內障手術是世界上最普遍的手術之一，當時醫師都知道該如何完成手術，卻礙於其中一個麻煩步驟而感到困擾，這就是邏輯或流程上的不一致，也是創新機會的可能來源之一。當時，愛爾康實驗室（Alcon Laboratories）的創辦人之一比爾．康納（Bill Conner）為一種酵素添加防腐劑，就解決了眼科醫師的困擾，更使愛爾康因此建立起獨占優勢。

07

媒合閒置產能

把婆婆媽媽拉進來，e袋洗創造洗衣業新模式

北京朝陽區的一座社區裡，年約五十的付金英，頭戴藍色帽子，身上穿著寫有「小e管家」字樣的制服，騎著電動車，準備到一戶人家收衣服。「我原本只打算兼職，每個月賺幾百塊錢（人民幣），沒想到第一個月就做了八百，十二月旺季還可以到一萬五！」她滿臉笑意地說，手機裡的「小e助手」App正提醒她，附近還有一筆訂單，等她上門服務。

二〇一三年，e袋洗成立，到了二〇一六年，在中國像付金英一樣的兼職管家約有兩萬人。消費者只要透過手機下單，這群散落在社區的婦女就會到用戶家裡敲門收衣服，並依照系統指示，送到可接單的洗衣店內。

e袋洗的平台上，每天創造的訂單最多超過十萬筆，相當於三十萬件衣服，是兩千家傳統洗衣店一天洗衣量的總和，也是中國最大的線上洗衣平台。

二〇一〇年後，行動網路快速發展，原本經營傳統洗衣店的e袋洗董事長張榮耀，嗅到趨勢正在改變。他觀察到，消費者如果想洗衣，只能趁洗衣店營業時把衣服送到店裡，幾天後再到店取回，但這種消費模式卻受時間限制，對趕不上營業時間的人來說，很不方便，行

業中充滿痛點。

利用行動網路，張榮耀成立e袋洗，做為串聯用戶、洗衣店、小e管家三方的平台。透過這個平台，他活化了中國一萬家洗衣店的產能，這些在街頭巷尾的洗衣店，其實洗五件衣服的成本跟洗二十件相同，e袋洗透過系統接單、重新分配，等於再利用這些閒置產能，每洗一件衣服的成本也越降越低。

緊接著，e袋洗在市場上打出：洗一袋衣服、不限件數人民幣九十九元服務，造成網絡效應，吸引用戶上門，以及更多洗衣店加入陣營。

甚至，連在地人力，也是張榮耀眼中可以被活化的「閒置產能」。這些人平均在四十歲到六十歲間，多是先前大批下崗的世代，仍具體力、想貼補家用，且因熟悉家務，接單時更可快速分辨衣服狀況，提供洗衣建議。

這三方串聯，使e袋洗因而逐漸站穩腳步。

一點就通

- 當能洞悉消費者痛點、找出相對應的資源，平台經濟也是發展獲利模式的方向。
- 平台經濟看似有各種可能，最大的挑戰是得認清自己不可取代的價值。

08

打造即時、共享新生態

可樂旅遊互利共榮，成就四百億旅遊帝國

二〇一七年四月底，長榮航空的年度最佳操盤手頒獎典禮上，可樂旅遊再度拿下年度總冠軍，這是自二〇一〇年來第七度拿下開票量冠軍，在長榮航空的十六條線路評比中，一舉囊括東南亞、東北亞、美加歐澳全區，以及十一條線路之冠。

這家旅行社創業時，產業排名在百名之外，當同業都在爭取短線利益，可樂旅遊卻花了十年，斥資超過五億元建立資訊系統，開放分享給同業，建立與超過九成同行合作的系統，把市場做大，而成為旅行業霸主。

可樂旅遊集團董事長黃明峰，經營可樂三十六年，最大的決勝關鍵，就在一步一腳印，盡力做好每一件事；當公司有獲利，就分享給員工、給主管，也分享給同業。

透過可樂旅遊全球連線的網站系統，可以看見一筆筆訂單即時湧入，讓領導人能隨時掌握全球各地的進單狀況。同時，其他合夥人、高階主管都能透過筆電、手機連上系統，依據權限看到不同的功能。

這套系統最厲害的地方，就是即時、共享。

客戶訂單進來、訂了幾張機票，全球各地有哪些路線有新的出團……，都在系統上一一呈現。在台灣，平均每十五分鐘，就有可樂旅遊組成的旅行團搭上飛機，飛向世界。這個系統也會即時揭露參加可樂行程的團員客訴訊息，比如出國菜吃得不好、巴士司機開快車、導遊不專業……，隨時都會冒出來。

黃明峰一九七六年畢業自台大大氣科學系，那個年代的台大畢業生奇貨可居，他堪稱是當時全台灣前五%的菁英。

當時念大氣系，要發展就得留學，黃明峰因為家裡沒錢，退伍的時候只想趕快找到工作、養家活口。然而時值面臨中美斷交，產業不景氣、工作難找，他一開始想往貿易公司發展，業主卻擔心他會把客戶帶走，面試未果；他轉往旅行社面試業務，卻因為很少看到大學生來面試，主管根本不信任他。

不和同業角力，反做包打聽互惠

主管的疑慮在於，他這麼斯文、內向，是否真能把業務工作做好？甚至，很多業務晚上還要應酬喝酒，才能把出團人數湊起來。過去，旅行社是個「靠人脈賺錢」的行業，各家旅行社業務無不使出渾身解數，要湊足基本可出團人數，行話叫作「湊團」，要拚的是成團率，因為這決定了機位銷售效率與採購量，也是利潤主要來源。

為了拚成團率，各家旅行社業務間的競合關係，可說是相當微妙。業務不僅要每天勤跑航空公司打探消息，或是到各家旅行社串門子，偷看業務在白板上的留言，把對手的路線、出團日期、報名人數都記下來。

若要加入聯盟打團體戰，就得靠業務的手腕及人脈廣度，白天彼此競爭，到了夜晚則必須趕攤應酬，累積人脈並和同業「搏感情」。

黃明峰入行的前三天，連去推開別家旅行社大門的勇氣都沒有，帶他的經理甚至擔憂地說：「你來上班，不去跑同業怎麼辦？」他才硬著頭皮從長春路開始跑起。

為了湊團，同行業務廝殺競爭激烈，彼此之間爾虞我詐、互不往來，但黃明峰卻採取不同的策略。

他每天跑，記下各家什麼時候有走團，當同業有客人成不了團，就幫忙查哪裡有團可以湊。長期累積下來，他等於是資訊中心。

建B2B分享平台，強化自己重要性

黃明峰把自己做成同業間的「資訊中心」，不與同業競爭，也不搶同行的客人，反而用心服務，和同業搏感情，累積彼此間的信任，也創造出自身的附加價值。

在跑了三個月後，黃明峰只要坐在辦公室，就有接不完的電話。早年旅行社業務互不往來，但他透過人脈串聯、分享資訊，解決業內資訊不透明的問題，不僅有效提高成團率、提高自己的附加價值，也奠定後來創業的人脈資本。

在這段期間，他學到了資訊的關鍵特性，等於是掐住一家旅行社的咽喉，沒有資訊等同摸黑行走，難以湊成團讓客戶順利出國。也因為這樣的領悟，後來他和其他三位股東吳守謙、王柯逸民、姚大光合作創業，腳步站穩後就把建立資訊系統放在最重要的位置。

黃明峰創業的前二十年，年營收規模都不過一百五十億元，透過開發資訊系統、控管品質後，卻帶來爆發性的成長，二〇一六年營收突破四百億元，營收比率一半來自同業，一半來自直客。

當同業發展上下游垂直整合之際，可樂選擇固守同業市場路線，著手建置B2B（企業對企業）平台分享給下游旅行社使用，成為可樂和其他大咖的最大分野。

進入可樂的B2B平台，從業務窗口、每日出團表、行程表及報名單，全都攤開在系統上，連機位的候補順序，可樂都不假「人」手，一律以線上報名先後排序，避免人為因素而造成不公平。

把同業當夥伴，成批發業務老大

過去客人要到杜拜旅行，旅行社業務要拿著厚厚的行程表翻看，但現在有了B2B平台，業務只要連上可樂的平台，就能在數以千計的行程產品中，一分鐘內就能為客人介紹杜拜行程。

運用可樂的平台，業務可以第一時間掌握可售機位、客人人數、訂金繳交情況等，不同行程的團體報名狀況，都能即時更新資訊，比使用人工記錄更有效率也更準確。包括最繁瑣的航空公司開票規則，在平台上也能一指搞定，可即時向客人解說。

吳守謙指出，二〇一六年可樂的團體旅遊人次，與九年前相比，大幅成長了二九〇%；建立平台、運用資訊系統來控管，是業績成長的關鍵。

隨著中小型越來越難經營，可樂建立起平台，包裝只限同業才能賣的商品，不跟同行搶客人、保障同業利潤、不追求獲利快速成長，而是把同業當成夥伴，並做好出團品質，讓他們累積超過九成的成團率，高於同業平均的七五%，翻身為同業批發市場第一大。

在求「大」、「快速成長」與「利益極大化」贏者全拿的主流經營思維下，黃明峰用三十六年的時間，展開創新的商業模式，讓可樂展現出不同的經營哲學。

黃明峰在消費者、同業、供應商及分包商間，找到新平衡點，證明分享的力量有多大，即使不求成長，也能靠互利共榮的模式，成就創造四百億產值的旅遊王國霸業。

一點就通

- 同業之間未必只有競爭關係，找出同業的共同痛點並加以解決，產業生態將因而升級或改變。
- 做掐住對手或同業咽喉的關鍵角色，讓同業需要你。
- 運用分享的力量，以新模式促進消費者、競爭者與同業上下游的利益，反能把自己做大。

09

建立管理平台

把投資商品變網購，十分鐘完成專屬套餐

一大早起床你接到好朋友的臉書（Facebook）訊息，他的小孩昨天出生，他升格成爸爸了，與你分享喜悅。你除了在臉書上祝賀、按讚之外，同時送給他小孩人生第一份禮物：在Nutmeg為他用一千英鎊成立一個大學專戶，以後好友每月固定存錢進去，小孩長大後就有一筆就學基金，完全不用擔心沒錢讀大學。

這是投資平台Nutmeg創辦人杭格福（Nick Hungerford）的親身例子。

他創辦的Nutmeg，是歐洲第一家線上投資管理平台，投資人只要花十分鐘輸入投資目的、目標金額、每月投資額度和一到十的風險係數，Nutmeg便會從三百多支全球各種投資標的ETF，搭配成投資人的專屬套餐，每個月都會隨狀況調整投資組合。手續費更是一目瞭然，投資人也可以隨時下車，零手續費。

Nutmeg想解決的是一般人不了解投資標的，卻需要投資收益的問題，因此不是扮演理財顧問提供建議的角色，而是以「投資管理平台」直接管理顧客的投資。

杭格福分析，傳統的理財管道有兩類：一類是自行理財，另一類是銀行的財富管理服

務，但門檻很高，手續費也高，只有少數人用得起。然而，多數人介於兩種之間，不懂投資，也沒有足夠的錢請人管理，但卻沒有中間服務。此外，杭格福發現，許多人既不想找投資顧問討論，或即使弄懂了投資標的也不願自己投資的人，又占了大多數。

因此，他將兩者最好的部分結合起來：ＤＩＹ的透明度、便利，以及財富管理的投資組合服務，但收取相對低的服務費。顧客可以隨時追蹤和監測自己的投資，而且，數位比實體更安全，至少網路不會捲款潛逃。

一點就通

- 看到大多數人的需求，並以簡單合理的價位提供服務，新商機就在其中。

10

小工具大改變

一顆小插座，智慧家庭立即成真

二〇一五年十一月，中國最大、全球第三大的 App 開發商獵豹移動，宣布聯齊科技成為其在台灣首樁投資案；一六年初，中國最大自營電商京東旗下的孵化器也宣布，聯齊科技從五百多家新創公司中脫穎而出，成為京東首次出手培育的台灣新創公司，入選機率僅四％。

有意思的是，聯齊科技只有一個產品：無線擴充插座。該公司獲中國大企業青睞的原因，只因為他們不畫大餅，而是解決最貼近消費者生活的痛點。

據研究機構顧能（Gartner）調查，在消費性市場，智慧家庭將會成為物聯網的主要帶動力量。二〇二二年，一般家庭擁有的智慧家庭物件數量，將達到數百個之多。

然而，目前智慧家庭市場是看得到、吃不到，尚未成為市場主流。原因就在於，所費不貲，若消費者想要從恆溫器、照明、門鎖到監控全面連網，一套換下來至少五千美元（約合新台幣十五萬元），成本高。二來，現有的智慧家庭裝置加值作用低，功能看似新奇，但僅主打節能或自動化，不足以吸引消費者購買。

聯齊科技共同創辦人兼執行長顏哲淵不僅看到上述趨勢、追逐趨勢，還比其他人多做一件事：看懂趨勢背後的問題，然後解決它。

顏哲淵在創業時心想，與其推出智慧家電，不如先幫使用者升級手邊產品。

聯齊推出的第一款產品無線擴充插座，是一個看似有ＵＳＢ接口的插座，其實裡頭是一台連網小電腦，就算使用者手邊的裝置原先沒有連網功能，只要接上聯齊的無線擴充插座，並搭配手機App，立刻就會變成「智慧家電」。

例如，一個隨身硬碟接上無線擴充插座，就成了雲端硬碟，可以跟手機連動，只要有網路，消費者用手機拍好的照片，就能自動備份到家中的硬碟，形同擁有自家的「私有雲」。因為硬碟是自己的，所以不用跟其他人分享空間，可自己決定儲存空間大小，也較無資料外洩疑慮。又比如，傳統的網路攝影機（Webcam）只要接上無線擴充插座，立刻成了智慧雲端攝影機，消費者只要用手機就能查看家中情形。市面上的硬碟跟 Webcam 型號有千百種，聯齊卻能夠做到高達九七％的連線成功率。

台灣市場較小，目前聯齊已進軍日本及美國電商通路，希望打造自己的品牌。

▼一點就通

- 創業不見得一定要大破大立或多大的破壞式創新，只要定位精準，加上洞察消費者最痛的貼身需求，夠務實，也會有出路。

11

實踐減廢思維

過期食品超市，打擊浪費兼做公益

丹麥的威福（WeFood）超市，開幕時人潮洶湧。因為它主賣過期或即期麵包、蔬果，以及標示錯誤、包裝損毀或生產過剩的各種NG食品，所以售價平均比市價低四成。

低價雖是威福的強力武器，但它可不是想賣給荷包乾扁的窮困族，而是想擺脫浪費大國惡名的環保族。根據歐洲最大英語媒體《在地報》（*The Local*），丹麥每年丟棄的食物超過七十萬噸，惹得主管機關看不過去，直稱「簡直荒謬」。

威福公關經理溫考芙（Jutta Weinkouff）解釋，在一般超市裡，一箱水果中只要有少數幾顆損壞，整箱丟掉比派人費時篩選更省事，而未來威福將接手這類好壞參半的食物，經義工挑選後重新上架。

威福問世前，整套構想經過非營利組織丹麥教會援助社（DanChurchAid）醞釀約一年，隨後發起群眾募資，籌措創業資本。原本目標僅訂五十萬克朗（約合新台幣二百五十萬元），不料網友熱烈響應，三週內衝破一百萬克朗。創業成員皆為義工，營收將用於幫助其他國家對抗貧窮。

丹麥教會援助社明白，食品安全是先決條件，於是與政府協調法規，在符合上述條件的前提下合法販售過期食物，並援引食品科學家高德絲（Dana Gunders）的說法，直指有效期限無關食安，更關乎風味：「過期僅代表食物不夠新鮮，但不表示吃了就會中毒。」

近年來，丹麥致力減少浪費食物，五年間減少丟棄二五％食物，相當於每人十五公斤。其他歐洲國家也陸續發起減廢行動：法國禁止超市丟棄食物，大型連鎖超市更得將食物贈與慈善機構，或轉作飼料堆肥；西班牙民間也推共享冰箱，將家中過剩食物放入社區維護的冰箱，有需要就可取用。

一點就通

- 善用多餘資源再創經濟效益，並將盈餘挹注公益的社會企業已是創業主流之一，更是現代企業的最佳經營模式。

12

解決麻煩事

代辦同學會，輕鬆重溫「那些年」

畢業多年的同學都想偶爾聚聚，重溫校園時光。隨著臉書等社群網站的興起，線上的頻繁聯繫，順勢帶動線下的聚會需求。但是，光是聯絡、籌備，對負責的「班代」來說，就是動輒數月的大工程。

在日本，至少就有二十多家「同學會代辦」公司切入市場。班代只要交出一份同學名冊，從聯絡、場地到活動主持，代辦皆可一手包辦，甚至還有當日攝影、尋找恩師等「加值服務」。一個人的出席費至少從五千日圓（約合新台幣一千三百元）起跳，但是若接受廣告商贊助，折扣後的費用，甚至可能壓低到免費。一家代辦業者笑屋，在二〇一一年代辦約一百五十件，隔年二百五十件，二〇一三年再成長到五百五十件。

找代辦公司聯絡、籌畫同學會的客層以四十歲的族群居多，五、六十歲次之；但就算是二十歲的學生，也會因為辦活動太麻煩而交付專業。加上每個人的出席費一律事先設定，事前不用預付訂金，當日按照人頭收費，大幅減輕班代的負擔。

除了代辦公司外，飯店業者也進攻同學會市場。如東京的京王廣場大飯店設立了「同學會管家」專屬窗口，帝國大飯店則提供同學會獨家的法式 buffet 自助餐，但以固定座位取代站著取用。即使一份要價一萬二千五百日圓（約合新台幣三千三百元），依舊人氣不減。

一點就通

- 消費者都討厭麻煩，要賺錢，就要幫消費者解決麻煩。
- 單一窗口、簡化程序，或是代辦的商品及服務仍是大勢所趨。

13

別被問題綁架

跳過問題，宏碁靠專注而逆轉勝

美國3C連鎖通路Micro Center的採購副總裁炯思（Kevin Jones）讚譽：宏碁是過去幾年改變最大的PC品牌！

如今，宏碁不再只賣低價產品，平均銷售價格從兩百美元提升至五、六百美元，五百到一千美元的產品在通路也賣得動。

現任宏碁董事長陳俊聖，在接手宏碁全球總裁暨執行長前，宏碁毛利率僅有六％，而且已連續虧損三年；但到一七年底，宏碁毛利率已拉到一〇％以上、登上十三年來新高。

要把產品賣得更貴聽來簡單，但運作邏輯截然不同。

主打通路品牌，是一種推（Push）的思維，主要透過讓店面業務員積極推銷商品，讓產品賣出，所以過去的宏碁電腦主打高CP值，行銷費用多回饋給各大通路，權力也下放到各國。但陳俊聖想做的，卻是有品牌力的跨國品牌，透過讓消費者到店面指定，拉貨（Pull）的力量，去拉高產品單價。

這代表產品線要變得有競爭力，並把給通路的資源，轉向投資研發跟行銷，更須把各國權力集中到中央。最現實的是，領導人必須面對過渡期間，因為通路反彈與不走量大路線，而出現營收衰退的代價。

二〇一四年單槍匹馬上任的陳俊聖，剛開始啟動變革就遇到一籮筐的問題。他一上任，就有人給他一份文件，上面列滿宏碁當時的所有問題，但陳俊聖看一看就把它扔到抽屜，因為他認為講過去的問題沒有用，只因解決問題的速度，一定不會比問題產生的速度來得快。

今天他得以轉身，就是因為「別想著解決過去的問題」。如同他的口頭禪「Always looking to the bright spot」——找未來的亮點，永遠比糾結過去實際。

做出取捨，專注於目標

只專注在未來，想清楚宏碁要成為什麼，團隊才能做出取捨。

宏碁決定不再拚紅海的生意，研發團隊開始聚焦在創新技術上。二〇一六年，宏碁在台灣申請的專利數排名第四，僅次於台積電、工研院、鴻海。

曲面顯示器、有眼球追蹤功能的電競筆電、量子點顯示器、混合實境頭盔、全世界最薄的電腦，都是宏碁的新品。一六年宏碁發布一台要價約一萬美元（約合新台幣三十萬元）的電競筆電，打開 YouTube 頻道，就有超過兩萬支影片在討論這款產品，形同免費廣告，當時該產品甚至還沒賣到兩萬台。

想好未來，讓他可以大刀闊斧處理諸侯割據的管理問題，也讓他力拚成為品牌頭號業務員。每到一個國家，陳俊聖固定安排七個行程。第一個動作先是掌握業務狀況，然後是溝通會議，再來是跟客戶吃飯、見記者，參訪服務中心，去看店頭，跟店員談「哪個產品賣得好、賣得不好，為什麼？」第七個是「跟員工搏感情，跟一級主管吃飯」。

出差時，他的特助都會背著一個被稱為「魔術小白兔包」的大背包，裡面能裝上最多十台筆電，兩人一大包，全球趴趴走，親自到各通路展示產品，教業務員怎麼銷售。

把話講清楚說明白、不容有任何灰色地帶，排除模糊打混的空間，才能讓每個人有沒有努力在做都清清楚楚。一個在低潮時接棒的ＣＥＯ，在資源有限下只能要求員工專注往前，這是陳俊聖帶領宏碁逆轉劣勢、找到新出路所貫徹的不二心法。

一點就通

- 創業過程中一定有許多挫折，與其忙著解決問題，不如有時換個角度，歸零思考：或許直接找出未來的路，比糾結於難解的老問題更有用！

14

鎖定消費者需求

維京集團先找到「價值帶」，然後搞破壞

如果你從沒碰過飛機，若有三百萬英鎊（約合新台幣一億三千萬元），敢不敢成立一家航空公司，挑戰歐洲第二大、西歐第一大航空公司英國航空（簡稱英航）？從唱片業起家，航空門外漢的維京集團創辦人布蘭森（Richard Branson），就做了這件令外界覺得「愚蠢至極」的決定。

但現在的布蘭森，不僅是歐洲航空大亨，他的維京品牌旗幟更飄揚六大產業，數十家轉投資公司都冠上同一品牌「維京」（Virgin，編按：或譯為「維珍」），銷售飛機票、飯店、熱氣球旅行、基金和維京銀河太空之旅，打破傳統商學院提醒要專注於本業的道理。

勇於改變遊戲規則，成航空業歐洲第二大

布蘭森從英航手上搶下英國第二名的市占率，來自選擇改變航空業的遊戲規則。他拆掉維京航空（Virgin Atlantic Airways）最貴的頭等艙，只賣商務艙、豪華經濟艙與經濟艙，客

戶只要付商務艙的費用，就能擁有頭等艙的服務：禮車接送，還附贈一張經濟艙機票。

現在服務更好，還有按摩、美甲服務，沒有固定用餐時間，可隨時點餐，而且豪華經濟艙的位子寬度達一公尺，比競爭對手寬，近乎商務艙的服務。現在一般乘客搭乘經濟艙，每個座位都有個人視聽系統，就是布蘭森首創。

航空業是一門獨占性強的特許行業，每家參賽者都大如恐龍，但布蘭森卻總能在恐龍的尾巴上跳舞。

簡化收費機制，四年搶下預付卡七成市場

切入英國另一個特許行業——電信市場，布蘭森也如法炮製：他發現英國的電信市場收費機制複雜難懂，布蘭森形容：「如果連公司董事都搞不清楚價格是怎麼定的，一般消費者怎麼弄得明白？」

因此，他在筆記本寫下：「要讓大家知道每分錢怎麼花，並獎勵長期用戶。」他創辦維京通訊公司（Virgin Mobile），向電信公司租用頻寬，做起預付卡生意，跟目前 7-Mobile 統一超商電信的模式相同。一律以分鐘計費，尖峰時段也不提高價格，消費者只要買套組，裝上手機就可使用；用得越多，下個月還享有折扣，隨時可收到最新八卦新聞短訊，成功在四年內搶下預付卡七成以上的市場。

維京通訊成立九個月就累積了一百萬名客戶，成為英國成長最快的行動電話公司，同業橘子電信（Orange）花了三年，沃達豐（Vodafone）花了八年。

滿足消費者有兩種方式，一種是價格戰，強調低成本，另一種則是價值戰。布蘭森是後者，找到市場裡沒被滿足的消費者，通常以破壞式創新切入市場；由於是新進者，沒包袱，可以用新的眼光發現市場機會，也因為公司很小，而且是做價值，不是與大企業打價格戰，所以反倒是小企業的成功關鍵。

隨時記錄客戶抱怨，找出創業契機

布蘭森總是找尋肥貓企業，從巨人盔甲的縫隙切入，迫使大企業降價以對。維京通訊切入市場後，競爭者降價了一到兩成，維京航空成立後，英航也開始改善飛機艙等與服務。

布蘭森的厲害之處，就是找到每一行業中的「價值帶」，只要挖掘出這個空間，他便勇敢投入，因此，雖然航空業、電信業被外界視為毫無關聯，但在他眼中，卻完全一樣，都是做到服務業的精髓：從顧客的觀點看，就能找到好點子。

他會想進入航空業，是發現機艙毫無服務品質可言，而且機票費用過高；他到俄國，發現上太空費用過高，所以成立維京銀河公司（Virgin Galactic）；成立維京理財（Virgin Money），則是因為看到消費者為了獲得最低利率，得跟好幾個不同銀行借貸，但若把存款和借貸放在一起，根據資產負債計算利率就能簡單易懂。

布蘭森的口袋裡隨時有一本記事本，寫著客戶抱怨、可能的創業點子與可用的人才，創業點子多來自與員工或客戶的談話。

先看到機會點，才從財報評估獲利

現在的維京集團，就像一家大型的品牌私募基金，每年會收到五千封提案。維京集團投資決策成員之一，維京資產管理公司執行長麥考林（Gordon McCallum）認為，維京的利基在於服務業，投資新產業的第一問題是：「客戶得到的服務品質是否很差？我們有沒有機會創造對客戶不同的價值？」然後，才思考增加客戶需要的成本與定價策略，有沒有可能產生獲利。先看到機會點，才看看手上的工具能否切入新產業，而非先從財務報表評估，這種思考模式的差異，讓維京得以橫跨六個產業。

布蘭森曾鼓勵小企業：「規模大，行銷費用多、通路廣，但是小公司也不用絕望，好消息是，優質的產品或服務，不取決於公司規模。」他認為大企業常忘了從創業家角度思考，忽略了市場的機會。因為產業龍頭為了做大，得發展涵蓋市場最大多數的產品，通常會比較複雜，成本結構也較僵化；做破壞式創新者，只要滿足自己想抓的客層，產品簡單，就能快速分到一塊蛋糕。

布蘭森抓準大恐龍轉身費時費力的痛腳，大公司無法跟上他靈活的舞步。例如維京航空推出買商務艙用禮車接送服務，英航卻沒有跟進，理由很簡單，因為維京僅有幾架飛機，如果規模大的對手如法炮製同等服務，花的成本更大。

當英國媒體批評，他一個品牌用到不同產業，與商學院說的「謹慎做品牌延伸」或者「專注本業」大異其趣，但事實上，布蘭森的核心能耐，其實在於非常專注找出服務業裡沒被滿足的價值帶。如果客戶都已經被滿足，維京根本沒有立足之地。最具代表性的就是布蘭森投資維京可樂，但可樂的消費者多數已經被滿足，最後撐了近十年就退出市場。

求好不求大，價值帶縮減就放手

布蘭森也沒忽略在站穩腳步後，要築起對手難以超越的門檻。他們調查發現，搭乘維京航空的乘客，個性都是開放、善於社交、有野心、願意嘗鮮，所以後續領先開發出更多服務。例如，在螢幕上進行機上點對點聊天、隨時點餐服務，而不是被動地等空服員送來難吃的機艙食物，並找出最適合的燈光角度，營造出機上空間與自由的印象。

破壞式創新者另一宿命，就是細分市場的成長有限，永遠不會變成市場老大。因為一旦長大，就等於變成自己要打敗的巨人。這也是為什麼，維京雖然橫跨六大產業，但絕大多數都非產業裡市占率最高者。

布蘭森的哲學正是「求好不求大」，他更自我比喻：「我只是跟著大企業屁股後面，搶東西吃的小狗。」

只要消費者的價值帶被滿足了，他就會立即跳到下個產業。當價值帶已降低，維京又無法給予顧客更好的服務時，放手也是布蘭森的選項之一，他說：「許多企業家會走下坡，原因就是不懂得在適當時機將籌碼兌現。」

維京通訊在二〇〇五年之後，面臨新虛擬電信商的競爭，原本上架的通路商，也開始發展自有品牌預付卡，轉與維京通訊競爭，此時電信業的經營已需要規模化，布蘭森便毫不猶豫地賣給經營固網的 NTL telewest，組成英國第一個同時擁有電信、固網、有線電視的維京媒體（Virgin Media）。

相對於維京集團的成功經驗，從製造業出身的台灣企業，大多會從「量」來思考，而很少從「質」去思考。其實在大企業不願做、沒發現的地方，都可能存在著市場機會；另一個發現市場機會的關鍵，就是從大企業可能獲利太高之處著眼，找出其中可以滿足消費者的價值帶。

▼一點就通

- 每一個顧客抱怨，都隱藏了痛點與商機。
- 從為顧客創造價值的角度切入，新機會可能就在其中。

第 3 章

改變方法把餅變大

機會：流程所需——創業者解決別人怎樣都解決不了的問題

路，是人走出來的，現代公路「反射鏡」的發明，讓駕駛能看到從任一方向接近的來車，這項創新就是利用了流程的需要，讓行車更順暢，也把交通事故降到最低。而現在所謂的媒體業，則在 1890 年前後，曾因應流程需要而有兩項創新：一個是整行式排字機，可快速大量印刷報紙；另一個是廣告的發明，讓報社從行銷賺取獲利來免費發行報紙，屬於社會創新。

15

分散式組織形態

二十八人總部啟動全球二萬八千員工

當你在便利商店買一杯熱騰騰的拿鐵，上網購物享受二十四小時快速到貨服務，甚至是去精品店選購鐘錶與皮件時，這背後，其實都隱藏了一群來自瑞士，神秘的「外籍傭兵」促成一切。

這家市值逾新台幣一千四百億元、僅略低於全球最大消費品貿易集團香港利豐的企業，曾在兩年內，兩度成為全美排名第二的史丹佛大學MBA教案。

他們在全球約有二萬八千名員工，但位於瑞士蘇黎世的總部，卻只有二十八個人，只占全集團的千分之一。執行長每年有一半時間，在亞洲各國之間飛行，因為他們逾新台幣三千億的營收，有九成五以上來自亞洲。

這家奇特的公司，便是瑞士的龍頭企業大昌華嘉（DKSH）。

大昌華嘉，有一百五十年歷史的「市場拓展服務」（Market expansion service）經驗，定義自己為「搭橋的人」，搭起歐美與亞洲的橋梁，替客戶將商品賣入亞洲市場，拓展市占率。然而，他們其實也堪稱為史上最多功的「企業傭兵」，幾乎所有商業活動價值鏈中的項目，都能委由他們包辦。

他們從零食、保養品，賣到化工原料、半導體設備；服務範疇從進出口貿易、市場調查、金流到售後服務都做；統一超商、台積電與鴻海等大企業，都是大昌華嘉的客戶。

無所不包，幫客戶開疆闢土

看起來，大昌華嘉就像一家萬能管理顧問公司，差別是，他們實際捲起袖子，幫客戶開疆闢土，實踐所有的建議。

大昌華嘉總裁郁和利（Dr. Jörg Wolle）表示，其他管理顧問公司做的事情，只是他們超過五十種服務中的其中一到兩個項目，客戶通常只有三件事不會委託給他們，就是產品研發創新、製造，以及客戶本國市場的銷售與行銷。

以統一超商全省約五千家 City Cafe 據點為例，大昌華嘉在幕後替統一超商向瑞士企業下單，打造符合超商二十四小時營業需求的客製化咖啡機，並提供維修、清潔等售後服務。雖然最後端的銷售，是由全台各地的統一超商店員完成，但若沒有大昌華嘉，消費者就沒辦法隨時走進便利商店買到一杯熱騰騰的咖啡。

甚至，大昌華嘉也比香港人更懂得賣月餅。香港龍頭月餅品牌「美心」在台灣的銷售，正因受到他們協助重新定義品牌形象，找到對的行銷語言，而從原先僅有的超市通路，拓展到全省數千家便利商店，兩年內銷量成長十倍。

台灣做倉儲管理的公司，以往都只有B2B經驗，很少人能做到B2C（企業對顧客）這端；電商倉儲，難在既要管食品、日用品，也要管3C、精品，這些貨品的保存與管理方式差異非常大，背後更需要強而有力的IT系統協助揀貨，而大昌華嘉是少數非電商業者，卻擁有這些能力的公司。

重要單位散布在亞洲各國

在台灣，大昌華嘉約有一千二百名員工，但服務上百種公司客戶，從醫療保健、科技、消費品、精品與食品、化學原料等，打擊面非常廣。他們之所以有能力提供電商倉儲這種需要豐厚經驗，以及強大IT系統的服務，來自於他們分散而彈性的組織。

他們就像是有很多艘軍艦快艇，而不是一艘航空母艦。郁和利表示，總部內，包括他和秘書與核心團隊，只有二十八名員工。企業內其他重要單位，都散布在亞洲各國，例如財務長常駐新加坡、供應鏈管理主管則派駐曼谷，IT部門則分布在馬來西亞。

分散式的企業組織，除了延續大昌華嘉自遠東時代成立以來所強調的冒險與創業精神，更成為就近提供服務，支援他們在亞洲的七百六十個據點。這數目相當於台灣一線銀行全台分行數的四到五倍，連在亞洲GDP後段班的寮國，大昌華嘉也早已插旗。

這種獨特的組織形態，正是大昌華嘉能成為各企業最佳傭兵、營業範疇橫跨各類產業的關鍵。

▼一點就通

- 以靈活的組織為武器，將知識轉化為具體商機。
- 只要時時創新，百年企業也能走在時代尖端，扮演關鍵角色。

16

去中心化的製造業

最大3D列印平台，工廠分散一百六十國

生產基地遍布一百六十國、製造上百萬件產品的全球最大3D列印網路平台3D Hubs，位於荷蘭阿姆斯特丹市中心，但「工廠」中卻是不到五十人的團隊，在桌上足球、懶骨頭沙發間，遠端看著近六千台3D列印機在世界各地「製造」。

3D Hubs創辦人布蘭（Bram de Zwart）指出，他們是在實現去中心化的製造業。在台灣，有超過八十台3D列印機也是他們「工廠」的一環。

在3D Hubs的網站上，只要上傳3D列印設計圖，或從既有的設計模型目錄中選取物件，接著從網站上一百六十國的3D列印機使用者中，考慮距離、價格、使用者評價後，交件列印，就能在當地取貨。布蘭形容，過去的製造業，是一千台機器放在一個地方，再將成品運到各地通路，但未來，是一千個地方各有一台機器，通路也身兼製造地。

二〇一三年創立至今，3D Hubs平台已經製造上百萬件3D列印成品，包括牙套、耳機、手機殼，到空中巴士（Airbus）的零件都有，且超過半數是在當地取貨。每個月超過七萬件的設計上傳、製造，不僅成為全球二十萬Maker社群的主要平台，也是特斯拉、惠普、

美國太空總署，和十六家《財星》（*Fortune*）一百大企業的合作夥伴，軟硬體大廠都開始將部分生產鏈與 3D Hubs 平台結合。

成立第三年，3D Hubs 就吸引了 Spotify、優步（Uber）、Booking.com 的投資人，成為荷蘭二〇一五年的年度最佳投資案。

▼一點就通

- 在客製化及即時交件的商業趨勢下，去中心化的生產模式，是不需大資金建廠的製造服務商可運用的方式之一。

17

同業共利模式①

老絲襪廠變接案平台，串聯同業來搶單

陸友纖維，這家逾半百的老公司，有個比公司知名度更高的自有品牌——「琨蒂絲」。琨蒂絲不僅是全台灣市占率最高的絲襪品牌，面對中國夾擊，台灣襪子出口銷售總額十七年來衰退三成五，陸友營收卻由二〇〇四年的八億元逆勢成長，最高峰曾達二十六億元。到二〇一七年，陸友還成為全球性感連身內衣市占率最高的代工廠。

陸友總經理魏平儀是彰化社頭地區被譽為「絲襪世家」的魏氏家族第三代，家族打從日據時代即深耕絲襪業，包括華貴牌、佩登斯等國內一線絲襪品牌老闆，都是他的堂兄弟。

魏平儀的祖父魏國煌，原本是俗稱「話玲瓏」的小攤販商，騎著腳踏車兜售襪子、口紅、香水等小物，最後引進日本的絲襪織造技術，成功創業。而父親魏和衷創立陸友後，真正與同業創造差異的關鍵，是在一九八三年咬牙買下一台要價一千萬元的雙針床經編機，織出第一雙一體成型的網襪。當時，彰化社頭一甲農地只要兩萬元，這種豪舉自然引發不少議論，卻也成功讓全球客戶湧入彰化。

魏平儀說，高峰時，連香奈兒（Chanel）、Armani Exchange、miumiu 等精品，都把單子

下給陸友。在Chanel指點下，他們做出從側面看膚色與黑色各占一半、連歌手莫文蔚都曾穿過的顯瘦褲襪；Armani的設計更特殊，是將一雙粉紅色絲襪、一雙黑色網襪裝在同一盒裡，兩件疊穿，創造多層次感覺。

當時太前衛的設計，工廠根本看不懂，他們只好邊做邊學，觀察流行尖端的樣貌。

直到二〇〇〇年，情況驟變。先是中國崛起，搶走低價訂單，外銷美國的紡織配額也快速消失，但最嚴格的挑戰是：消費習慣改變。短裙與涼鞋興起，消費者開始把絲襪當流行品，而非必需品。也就是說，絲襪必須更少量多樣才能吸睛。

三大挑戰同步襲來，讓陸友營收一度下滑三成。

串聯鄰近工廠，保持公平競爭

魏平儀回憶，當時，品牌客戶依然會找陸友打樣，但一來就是三十組圖案，限期一個月內交。然而，一款新品從設計圖、組織圖到上機打樣，動輒就要三、五天，當時他們只有四個設計師，根本來不及。

最後，陸友選擇以群架的方式突圍——串聯起鄰近的五十間小型工廠，共同接單、設計、製造，相當於多出五十顆腦袋。舉例來說，當負責研發的陸友纖維執行長魏平穎拿到數量龐大的三十組打樣，就會先定出交件時間，再分給合作的十間衛星工廠，每間各負責三組，完成的樣品統一回到陸友，由陸友向品牌提案，若某組樣品成功拿下訂單，打樣小廠即取得生產資格，形同公平競爭。

流程說起來簡單，但其實後面的眉角很多。

這五十家衛星工廠，多為過去曾任職魏氏企業的幹部自行創業，規模往往只有夫妻兩人加上幾台機器。因此，陸友安排訂單時，必須精算每家工廠的設備狀況、生產速度、產品良率，老闆擅長電腦提花、蕾絲還是網襪等，而且小廠缺乏品管機制，身為「接案平台」的陸友得扛起責任協助檢查，若長期品質欠佳，也會篩選淘汰。

對小廠而言，原本沒有足夠設計能量去應付少量多樣的生意，但這種「類平台」的經營，卻給了一條出路，讓他們無論淡旺季，至少每個月都有單。被動接單外，也有些小廠會主動出擊，自發性提供陸友原創設計，雖然不一定會被挑中，但能增加獲選的機會。

魏平儀分析，串聯衛星工廠的背後策略，是看似衝突的「客製化＋大量生產」：假設一個廠專做一千打客製款，五十家工廠合計五萬打，產能已不輸給一貫化大廠。

更重要的是，透過五十顆大腦分工合作，陸友每年的新款數量就由兩百款竄升至兩千款，原創設計約占三成，等於一天就能誕生兩款新品，創造同業、顧客與自己三贏的局面。

▼一點就通

- 聯手同業共同接單，形同組成外部虛擬團隊，一方面可擁有更多創意腦袋，共同把餅做大，另一方面則可降低淡旺季對大廠帶來的經營風險，一舉兩得。

18

同業共利模式②

五金加工小廠，靠交叉持股吃全球復古車市場

位於新竹縣鹿寮坑的合擎公司，做的是五金加工的黑手產業，成立七年時員工人數還不到五十人，卻已搶下美國富豪人家車庫裡的獨門生意。

合擎生產高達三千種以上的汽車零配件，各式引擎蓋、葉子板、保險桿、飾條……，都是一九七〇年代第一次石油危機前，美國本土曾推出的名車零件；有代表美式汽車文化的福特野馬（Ford Mustang）、通用最暢銷的肌肉跑車 Camaro，甚至是一九四〇年代出廠的雪佛蘭 C-10 貨卡。

原廠早已斷貨的零件，這裡通通找得到原尺原規新品。讓這些零件「復活」的合擎，還將全車外觀板件組起來，鑄成取得福特和通用原廠認證的復刻版骨董車車體。再造骨董車零件並組成整車，這種修復商機，在合擎之前，是全世界沒見過的商業模式。

骨董車零件毛利，至少是一般車輛的兩倍，商機雖誘人，但難在兩件事。第一，因為已找不到原廠零件，大到引擎蓋、車門，小至水箱護罩的金屬飾條，都要靠「逆向工程」，拿舊零件重新開模，還原出一模一樣的物件。第二就是少量多樣，單品每年數百、最多不過數

千件的需求，對習慣以千為產能單位的製造業來說，毛利雖高卻不易獲利。

然而，合擎公司總經理羅修賢卻運用曾在海軍陸戰隊服役的經驗，整合了全台上百家模具五金加工小廠，克服這些經營挑戰。羅修賢的生意邏輯是，經營事業快速賺錢是首要任務，若沒有豐厚獲利，再大規模的生意都沒必要做。

羅修賢更有一套「共利模式」，靠交叉持股串聯全台近百位黑手老闆和外部投資者，形成堅實兵團，一起開發訂單、找合作股東，還幫協力廠籌資購置新模具。銀彈不足則找外援，以每股十萬元為單位投資模具，股東可分享上百萬元模具所產出的產品利潤，產品賣越多，投資報酬越佳。曾有純投資者獲得平均約二〇%的年投資報酬率，遠優於許多投資商品。

創業十餘年，合擎透過共利模式，吸引超過三十位外部資金提供者，培養出十四家擁有上千萬元雷射鋼板切割機的協力廠商，扶植十七位黑手技術工新創事業，持續壯大超過八十家上下游小廠。羅修賢證明，製造業不是非得外移才有生意做，靠同業共利模式也能搶下全球骨董車修復市場，寫下台灣黑手傳奇。

一點就通

- 一個人、一家工廠無法達到的目標，可以靠同業合作完成。
- 單打獨鬥做不來的事，靠開放平台共享資訊，「打群架」也是好辦法。

19

同業共利模式③

大和宅配運用外部資源如同內部資源

日本最大宅配業者大和，是日本第一家推出宅配服務的業者，也是低溫宅急便、「代金引換」（台灣稱貨到付款）服務的開創者。

貨到付款占大和整體業務近一五％，每年這項業務的經手金額已超過一兆五千億日圓（約合新台幣五千三百億元），甚至較公司的年營業額還高。在機場宅急便、滑雪宅急便、Mail 通知服務等領域也居領先地位。

然而面對市場飽和，社長木川真認為，「對內部資源想像力有多大，企業的創新空間就有多大」。只要重新組合內部資源，再引進外部力量，就能產生宅配以外的新服務。

例如「家電維修」是大和啟動的一項新業務。木川真在東京總部大樓隔出一個樓層，提供各品牌的維修人員進駐。因為在過去，當消費者選擇大和的家電維修宅配服務後，送貨員必須將維修品送到各品牌的維修中心，維修後又得至各維修中心取貨再送還給消費者；但將各品牌的維修人員集中管理後，至少可縮短兩個工作天。

當各品牌維修人員進駐大和總部後，木川真發現，這也能做為一種內部資源。於是，大和陸續招攬這批維修人員，不僅為公司增加新業務，對各家電品牌來說，維修外包也有助降低成本，形成雙贏局面。

一點就通

- 將外部資源更緊密地串接進自己的作業流程，不僅可以減少耗時，也能提高效率、降低成本。

20

用人脈做生意
「我在旅行」透過網路蒐集同好與人才

台灣新一代的小頭家正在建立新的遊戲規則，他們的「聚落」地點不是科技園區，不是工廠，而是一串網址，沒有地域限制也不用收會員費，靠粉絲建立虛擬產業聚落，玩出一番新事業。

建立虛擬產業聚落有三大撇步，從事旅遊規畫業務的「我在旅行」就是成功案例：

第一步，注意跟你做一樣事情的人。「我在旅行」創辦人黃世華說，他會時時保持關注臉書上各式各樣與旅行、設計有關的粉絲團，從對方的動態、取得的資源、辦的活動來汲取資訊，牢牢抓住「產業趨勢」。他們也從粉絲頁中撈出可能合作的對象，台灣每座城市幾乎都有他們的合作夥伴，辦活動需要攝影、美宣、文字記錄，都透過號召聚集，做為隱形的外包團隊，即使人在北部，也能辦蘭嶼、高雄的在地旅行。

第二步，從虛擬世界「跟蹤」至實體活動。社群網站讓合作門檻變低，「我在旅行」勤快出席各種場合，除了增加曝光度外，也多了目的性。他們從其他知名粉絲團一路「跟蹤」，帶著對對方的認識和確定的合作目的，進而合作舉行實體活動。

「我在旅行」也會主辦活動，從網路揪團，隨興吃飯、野餐、桌遊、小旅行，過程中詢問大家意見，還需要什麼產品、哪種玩法。以「復甦台灣冷門景點」而崛起的旅行團體「歐北來」也善用這一招，不定期舉辦各種聚會，從音樂、食物、派對等名目都有，人脈網因此更茁壯、擴張。

第三步，曝光規模化。當一個故事、一張相片引起共鳴，網友迅速分享後，人們會主動想認識你。要做到這點，必須先盤點自己的強項，創造擴散的媒介。「我在旅行」利用自己設計的產品，從地圖、小背包到扇子等，讓「我在旅行」四個字不斷出現在網友的照片中，品牌知名度自然擴散到他們的朋友圈。

▼一點就通

- 透過網路連結串聯彼此的共鳴，讓一群人各自貢獻專長，推動小點子成為新事業。

•一、認真看待員工的創意提案

台灣愛普生科技以行銷和業務團隊為主，沒有研發人員，卻在四年內拿下八十五項專利權，在日商精工愛普生集團全球四十五家海外分公司中，名列第一，其秘訣便是鼓勵非研發人員發揮創意、申請專利，特別是商業流程、服務流程等非技術性的專利權。

二〇〇二年，台灣愛普生科技總經理李隆安特別設立「公開創意市場」企業內部網站，希望鼓勵員工碰到工作難題時，能想出創新的解決辦法。這是台灣獨有的制度。

在「公開創意市場」網站上，分成「問題挑戰」、「我有新創意」、「獎勵說明」、「全文檢索」四個欄目，分別向員工說明相關辦法、何謂創意或創新，鼓勵員工上網提出創意，也可觀摩別人提了什麼創意，成為激發員工創意的園地。

台灣愛普生還有一個員工自動發起的挖寶小組，由六名員工組成，每個月固定上網看哪些提案有發展成專利的可能。每三個月再請智財權的專家評估這些具潛力的創意，是否可能申請專利權，或者該如何調整。由公司提出申請的專利證書上，會寫上創意人的名字，對提出創意的員工是莫大的精神鼓勵。

讓員工把創意提案當成一回事，形成各部門「輸人不輸陣」的環境與氛圍，更是內部創意提案制度能發揮效果的原因。

•二、「太可惜了！」創意術

日本電影《送行者》是編劇小山薰堂撰寫的第一部電影劇本；第一部就能如此成功，歸功於自創的創意產生法——「太可惜主義」。

生活中難免會有「太可惜了！」的想法，比方說，某些日常用品的設計，其實只要稍做改變就會變得非常好用；或是看到未被發掘出真正價值的事物，就會發現大家還沒注意到的商機。小山薰堂認為，要是在發現這些事物的價值時，心中都能想著「好可惜」，或是「如果是我就會……」的話，那該多好。因為這些念頭正是創意發想的最大原動力，只要實踐「太可惜主義」，企畫點子自會源源不絕湧現。

小山強調，商品或服務成功的最大因素，就在「供應者是否放入真正的感情」。這是生活中隨時存在的元素，卻經常被忽略。如果對自己提供的商品或服務真正投入情感，就會產生豐富的聯想力和動力，並注意到生活中許多看來不相干的事物，原來可以相互串聯、結合，進而成為新商品。日本就有很多由「太可惜」所衍生出來的商品。

比方說，日本到了春天就會販售的櫻糬。據說，櫻糬起源自淺草言問橋附近的長命寺。有一天，長命寺的小和尚在寺門前掃櫻樹落葉，心想：「這些葉子如果能換錢該有多好，太浪費了。」於是他把櫻葉拿來包麻糬，櫻糬就誕生了。

由此可見，「太可惜了」的心情能幫助人們看到事物的缺憾，就可能創造出新的價值，開啟新商機。

21

做B2B串聯者

宜睿智慧專幫企業搞定電子票券繁瑣流程

來自法國的B2B電子票券商——宜睿智慧，二〇一五年成為台灣的咖啡大戶，全年購入近一百六十萬杯便利超商咖啡，包括中國信託、統一集團、台灣大哥大、王品等產業龍頭，全台一百四十二家上市櫃公司，都是其客戶，宜睿更與行動通訊軟體Line攜手打造販售電子禮券的「Line禮品小舖」。

自二〇〇七年進入台灣，宜睿電子票券至二〇一六年，年發行量已攀至七百二十八萬張（編按：一個序號為一張），為全台第一。聚焦在B2B服務，當企業客戶推出行銷活動，利用禮券贈品，或紅利點數兌換等吸引消費者，宜睿就負責居中牽線，為客戶尋得合作品牌、採購特定商品，其中又以咖啡為最大宗。

舉例來說，假設花旗銀行希望強化用戶對特定服務的使用意願，祭出用戶參加活動即可到超商換咖啡，宜睿的任務就是向品牌業者採購咖啡，再將設定好的電子兌換券／電子序號給銀行，讓花旗發送給用戶兌換。

業界保守估計，包括實體與電子紅利點數與現金禮券，總體禮券市場規模約四百億元，但其實，光是 Sogo 和遠東百貨去年就售出九十四億元禮券，若再加上新光三越、王品集團、家樂福等禮券發行大戶，以及全體信用卡紅利，市場規模絕不只如此。

雖然，企業也可以自行發禮券，但宜睿卻扮演了為企業節省成本的角色。

幫客戶省麻煩，吃下市場最大塊

因為企業獨立發行須承擔額外的印刷、儲存和寄送費用。像一年發行約八百萬張禮券的家樂福，逢年過節常手忙腳亂。將禮券數位化，方便顧客攜帶、不易遺失，廠商也無須擔負平台建置和維護成本。

尤其資安防護對發行電子票券至關緊要，管理者必須防止駭客「重複使用」禮券造成虧損，為此要投入的資源，從設備到管理可能高達數千萬元，若企業能仰賴第三方技術，就能節省不少經費。

除了成本、技術考量，企業需要仲介商的最大原因，在於平台讓企業端（發放紅利者）與品牌端（提供商品者），兩者不必花時間一個個談，只須單一窗口即可多家合作，也避免系統整併的麻煩。比如若花旗、台新、玉山等多家銀行都想發家樂福的禮券，只須透過宜睿即可，節省彼此的溝通成本。

至於宜睿的利潤來源，除了可以向企業端和品牌端酌收管理和行銷費用，還能賺取中間差價。譬如某銀行以一百萬元為預算購買二十萬杯美式咖啡送顧客，宜睿會以低於一百萬元向品牌商採買商品，價差就成為利潤。

其實在台灣，不只宜睿，還有不少Ｂ２Ｂ和Ｂ２Ｃ業者做類似生意，包括 Gomaji、PayEasy、謝謝你好朋友等，但宜睿電子票券年發行量領先群雄，主因是來台耕耘近十年，有先行者優勢，建構的連結網絡頗具規模，令競爭對手望塵莫及。

宜睿全球執行長 Bertrand Dumazy 說，他看好台灣市場的未來，尤其國人對電子票券接受度高，預估每年成長二．五倍。該公司估計，台灣電子票券市占率，將於二〇一八年首度超過紙本禮券。

一點就通

- 對大企業來說，一些必須花很多力氣去做的執行性小事，就可能存在委外的商機。
- 將大企業委外處理的繁瑣小事，當作一項專業看待，也可以做出很大的市場。

22

配角修煉成主角

美德耐把醫院「邊陲」業務做成專業

美德耐公司是台灣醫療布服大王，全台醫院有七成的醫師服、護士服、床包等所有布料，從款式設計、打版製造、物流配送、洗滌更換，都由它一條龍搞定。美德耐還擁有全台維康直營店數約一百九十五家，其中八成進駐醫院內；美德耐也是醫院商場王，包括台中榮總、台大醫院、雙和醫院的商場都是其經營範圍。

美德耐總經理賴調元從美商嬌生（Johnson & Johnson）業務起家，勤跑醫院時，嗅到市場新缺口。當時因病床數不足，政府鼓勵輕傷病患盡早出院，推動居家照護，但醫療器材不如現在普及，醫院大多只有販售小型雜貨，他因此決定辭掉業務，開醫療用品通路：維康。

後來，美國醫療用品大廠Medline來台找代理商，賴調元與友人合資成立美德耐，代理該公司產品到台灣。他對醫療嗅覺敏銳，二〇〇三年SARS發生時，他立刻尋找還沒被疫情波及的國家，動用人脈引進一萬個N95口罩，從台北往南鋪貨。

看準需求再出手，不與人爭鋒

一九八〇年代，醫院制服只有粉紅、白、綠三種顏色，且採用棉料材質、拋棄式使用。賴調元說，看準醫院人力吃緊、沒空管理這項「邊陲」業務，他找成衣廠開發防水透氣紗布，找實驗室做測試報告，說服醫院新產品可降低四%感染率。

他跟長庚醫院談成首筆生意，但競爭者也聞到商機，削價競爭。既然價格拚不過，他乾脆改變遊戲規則：只租不售。以前布服論斤計酬，新品要進貨，得逐件開會討論，但賴調元跟醫院談整套解決方案，從研發到洗滌全包辦，且首創論開刀數、論床數計酬。

下一步，他看準長照商機，斥資兩億元買下台南一間醫院，打算與國外長照機構合作，讓有能力行走的病人到當地交換住宿，做「醫療版 Airbnb」。

賴調元堅信，只有「do something different」（做不一樣的事），搶在市場前，才有機會稱王，雖然先進者風險高，但只要築起高牆，別人就很難取代。

如今，美德耐已吸引對岸三十多家醫院上門談合作，跨足大陸市場。

一點就通

- 各產業上下游都可能存在客戶無暇顧及的「邊陲」業務，只要能提供完整解決方案，就有機會打開新市場。
- 找到新商機，就一舉做到極致，築起高牆，讓模仿者只能苦追。

23

「切身」貼近消費者

handy 旅遊手機，打入飯店客房生態圈

在香港住飯店，可能會看見房裡擺著一支名叫 handy 的手機，可以免費打電話、上網；handy 手機也像本旅遊指南，內建各種資訊，不管走到哪，都會自動提醒附近的促銷活動，甚至結合購物，按一個鍵，就能買迪士尼樂園門票，省去排隊時間，還隨飯店帳單付款。

想出這套服務的，是大學肄業的二十四歲CEO郭頌賢。

二〇一二年，郭頌賢成立 Tink Labs，三年多後，就在寸土寸金的香港租起兩百多坪的辦公室，容納來自各國近六十名員工。他開發的手機 handy，成為全球旅客到香港觀光的「入口」。Tink Labs 還被《富比世》（*Forbes*）雜誌點名為最看好的香港新創公司之一。

handy包辦旅客各種需求，推出不到四年，全港飯店逾兩萬間房間採用，覆蓋率近四成，使用人次達一千八百萬，放眼兩岸三地，沒有業者推出同樣服務。

不滿足小市場，把目標放遠方

郭頌賢改造原有的 Android 手機系統，建立串聯旅客、飯店、商家的三方平台，革新了消費者的旅遊經驗。亟欲轉型的鴻海集團也嗅到商機，子公司富智康投資 Tink Labs 近新台幣四億元。

原本，他的營運模式是跟電信商談合作，在機場設櫃，方便旅客上門租 handy，慢慢打響知名度。生意最好時，一天可以租出去上百支，還一度走出香港，到新加坡機場設點。雖然事業正在起飛，郭頌賢卻察覺不對勁，發現透過機場太難規模化，必須思考把產品覆蓋整個城市的新方法。

因為，每月光機場租金、人事開銷就要港幣數十萬元，營業時間還受限制；他心想，與其坐等客人上門，應該要有更有效率的賺錢方式，甚至，幫旅客把排隊租手機的時間省下來，把服務送到手，因此他靈機一動，想到若把手機放在飯店房間，就能接觸到大量旅客。全香港三星到五星級飯店房間數約六萬間，如果能和飯店合作，等於打通通往旅客的最後一哩路。

於是，他決定收掉機場業務，專心投入飯店市場。但沒有知名度的新創公司，要說服像W酒店等五星級飯店合作卻是一大難題。

況且，handy 提供的免費通訊服務，將侵蝕飯店原有的長途電話、上網等獲利來源。對飯店來說，在房間提供 handy 等於多一道服務，萬一手機弄丟怎麼辦？使用完畢，裡頭的旅客資料該如何清除？一旦個資外洩，會不會影響飯店名聲……？

面對質疑，唯有站在對方角度思考，才可能成功，這也是郭頌賢思考的關鍵。

替旅客省錢，也幫飯店帶來商機

首先，為了讓飯店方便，他們研發出一套和訂房系統連接的軟體，只要旅客辦理入住，房間裡的 handy 螢幕上便會顯示旅客姓名，達到提醒效果；同樣地，當旅客一退房，手機裡打過的電話、發的簡訊，或任何瀏覽紀錄，軟體都會自動清除，不用飯店人員多花功夫，一支支處理。

他也設法替飯店帶來更多商機。過去，飯店常透過電子看板、ＤＭ打廣告，難以引人注意，但郭頌賢讓 handy 變成行動廣告平台，為飯店推送客製化訊息，不管旅客在哪，都能即時收到折扣資訊。如此，不只幫旅客省錢，也替飯店提升各項設施的來客數，形成雙贏。

透過網路口碑傳播，香港又是各大連鎖飯店一級戰場，競爭壓力下，逾百家三星至五星級飯店選擇和郭頌賢合作，連四季酒店也導入服務。除了向飯店收取手機租金，另外兩大塊收入來源則是廣告、賣商品與賣票拆帳。

下一步，他試圖做到三贏，讓更多商家願意加入平台。為了吸引更多商家下廣告或提供折扣，郭頌賢必須協助商家精準行銷，讓更多旅客從handy得到資訊後，轉化成實際購買行為。

handy三年超過一千八百萬的使用人次，就像一個現成的數據庫，透過分析便能知道，不同背景的旅客喜歡住在哪裡、常點選哪些旅遊資訊？或者，透過手機定位，當他們來到合作商家附近，就即時推送折扣訊息，刺激購買欲。

因此，郭頌賢要求團隊先設計兩到三種不同介面，放在各地區飯店測試，了解旅客反應。例如，每個頁面置入多少廣告、搭配哪些內容，點選機率最大，再反覆測試優化。

直到二〇一六年初，已有卡地亞、Hugo Boss等四十多家精品品牌都是他的客戶。

一點就通

- 無論顧客在哪，就是想盡辦法貼近他，再透過技術能力與互惠原則，克服路上遭遇的一切阻礙。

第 4 章

洞燭機先的本事

機會：產業和市場改變——創業者敢於違背市場既有的遊戲規則

新機會很少以既有市場熟知的方式出現，當產業結構改變時，往往帶來大量的創新機會。1960 年，三位哈佛商學院畢業的年輕人，發現法人投資者的地位日益重要，金融業的結構正在改變，因此創辦帝傑銀行，而以商議佣金的做法成為業界翹楚。類似的情況也發生在各行各業，產業結構的改變，創造了諸多新公司、組織的崛起。

24

拒絕追隨老大

網飛擊敗一千倍大的對手百視達

一九九七年，剛創業的網飛（Netflix）資本只有兩百萬美元，要挑戰的百視達（Blockbuster），市值約達三十億美元，差距高達一千五百倍，但十三年後，網飛卻把對手逼到破產。

當時，百視達在全球有六千多家實體店，剛創業的網飛根本無縫插針。網飛執行長哈斯汀（Reed Hastings）很快發現，要打贏這場戰役，打法要不同。

起初，網飛是滿手爛牌，既沒有百視達的通路優勢，據點少，消費者透過網路租DVD，借還片的速度也比較慢，上門意願更低；甚至，網飛沒有百視達採購片源的優勢，片商最熱門的新片一定首先給百視達，而DVD新片約占一家店的七成營收貢獻。

但網飛並未選擇追隨老大的腳步（如增加營業據點），而是想清楚自己做些什麼最能突顯自我價值。

不拚通路、新片，靠大數據解決片源問題

網飛率先推出「吃到飽」的收費模式，消費者付一筆固定的訂閱費後，就會收到網飛寄來三片DVD，等看完之後還回，網飛會再依消費者在網路上登記的電影清單寄出片子。

網飛犧牲收租片遲還罰款的制度，在百視達眼中是自我毀滅的價格戰。當時，這個項目占百視達獲利貢獻超過一成，這個幾乎零成本的獲利肥肉，沒人願意放棄。

然而，敵人看不起的市場，卻是網飛影響力越滾越大的起點。吃到飽不僅是很好的宣傳手段，對於不熟悉網路的消費者，概念也更簡單，更容易溝通。

新進業者最缺的是片源，能買的熱門片有限，但網飛沒把賺到的錢拿去狂買片子，而是投資在建置推薦系統上。

網飛先讓會員在網路上輸入想看的電影清單，透過大數據資料分析後，系統再變成虛擬的影片管家向個人推薦電影，不集中在熱門新片，以解決新片庫存不足的弱點。會員租看的影片，有七成來自推薦片單。網飛只要透過程式碼的操作，就可讓使用者看到「他們有興趣且租得到的片子」，而不會讓所有使用者都在搶同一部片。

此舉不但能提高客戶滿意度，更是百視達等實體店面做不到的。據估計，一般實體店新片租用比率約占全店七成，但網飛新片比率只有三成。這麼一來，租片量分散到老片，網飛

的ＤＶＤ庫存只需一般實體店的三分之一。

凸顯自己價值，不隨敵人起舞

網飛因此養出長尾市場，七年內吸引了兩百萬的網路用戶加入。

諷刺的是，網飛的成就，來自於沒有抄襲百視達的模式；但百視達的破產，卻是因為想學網飛而深陷泥淖。

當時，跟網飛應戰的百視達執行長安提奧科（John Antioco），是傳奇的經理人物，從7-ELEVEn便利超商開始，他一路爬到百視達的最高領導人。

二〇〇四年，面對網飛的崛起，安提奧科積極應對。在二千五百萬美元挹注下，「百視達線上」網路ＤＶＤ租賃平台不到一年就正式上線，配合取消遲還罰金制度，甚至推出全新服務，讓客戶可以在網路與實體通路進行交叉租借影片，這是網飛做不到的事情，不到兩年，百視達線上就拿下兩百萬用戶。

然而，這個超級戰略布局，卻被它原本的「優勢」給擊垮。

就在網飛與百視達的生存戰爭打得最激烈時，百視達龐大的加盟門市業者抗議，線上平台正搶走生意；取消遲還罰金直接傷害了獲利結構，遭股東抵制。二〇〇六年，百視達在轉型過程中，因為獲利不佳，股東掀起政變，炒掉了力圖改革的執行長。二〇一〇年，百視達最終以破產命運作收。

原本幾乎被打垮的網飛，就在同一時期，順利踏入網路影音年代。跟百視達的戰爭，讓網飛學到，專注把自己價值放大，不輕易隨對手起舞，才是最安全有效的策略。

▼一點就通

- 敵人看輕的地方就是機會所在，也是獲勝的切入要點。
- 看清自己的價值，專注於把自己價值放大，不要輕易隨對手起舞。

25

看到市場就衝
兩歲小電商，破解陸客團一條龍模式

集中火力專做陸客自由行的旅遊電商「台灣自由行」，成軍短短一年半就獲利，陸客透過他們安排宜蘭賞鯨、到九份看優人神鼓表演，或是在花蓮秘境攀岩、泛舟等行程，更把人民幣留在台灣的免稅商店和買伴手禮。

這家電商前身是台灣最大的陸客自由行服務網站，如今在新浪微博已擁有超過一百八十萬粉絲。讓陸客群聚的關鍵，是花費四年經營自媒體，天天提供自由行資訊及遊記攻略，累計已有四萬七千五百條原創內容，粉絲遊記攻略約一千一百則，數量是同類型微博之冠，尤其抓住了中國八〇後、九〇後對於來台自由行的共鳴性。

以社群媒體醞釀，抓準切入市場時機

二〇一二年，「台灣自由行」微博粉絲數正式突破百萬大關，當時平均每天約有一千五百名粉絲，在微博上留言詢問來台自由行，特別是墾丁到花蓮的交通問題，讓團隊聞到了

「錢味」。

同年十一月，台灣自由行成立市調平台，得知陸客伴手禮首選森田面膜，便火速與經銷商合作推出團購活動，上線才三小時就賣出八萬片面膜，也與台中人氣甜點名店糖村合作，推出牛軋糖禮盒團購，引發搶購熱潮，短短兩天營收達六十七萬元，讓團隊對大陸鐵粉的行動力印象深刻。

試水溫的結果，讓台灣自由行的團隊看到「市場」已經成熟，決定跨足旅遊電商，把人氣變現金。

接著，他們砸下六百萬打造自有車隊，並與台灣大車隊合作，在台首創計程車結合免稅店的包車服務模式，重組旅遊供應鏈。台灣自由行藉此賺取免稅店昇恆昌的退佣，新模式一開，旅行同業也開始模仿，破解了中國旅行業者一條龍式服務，讓台灣業者賺不到周邊錢的困局。

同時，看準自由行客人不喜歡被推銷購物的心理，主打「全程無購物」，推出才短短一年，就拿下陸客交通需求量最大的墾丁、花蓮對開路線近四成的市占率，一年光是車隊營收就超過二千七百萬元，成為公司最大營收來源。

此外，台灣自由行還掌握陸客的實體交易商機，包括一〇一紀念品、悠遊卡、面膜、鳳梨酥及茶葉，皆提供代銷代購的服務。

雖然台灣旅行業難以在資本規模上，與中國業者一較高下，但台灣自由行善用社群媒體，建立互聯網結合生態系統，在產品和服務上創新，仍然找出獲利機會，甚至改變市場既有規則。

▼一點就通

- 善用社群媒體的口碑行銷，即便是小資本的後進者，仍有機會突破重圍，取得利基。

26

做商業化平台
英國啤酒補習班，把釀酒變熱門行業

英國初創企業「你來釀酒」（Ubrew）是一家「手工啤酒補習班」，它把嗜好變生意，將家釀酒的層次拉高到足與手工精釀啤酒相提並論的地位。

你來釀酒的共同創辦人丹漢（Matthew Denham）和搭檔霍斯佛（Wilf Horsfall）因為對手工啤酒的熱愛，促使兩人把一項週末娛樂化成創業點子，只花四十二天就在募資平台上籌足一萬二千英鎊（約合新台幣四十八萬元），成立名下第一座全開放式的酒廠。

《金融時報》（*Financial Times*）解讀，在這個手工啤酒遍地開花的年代，人人都想嘗鮮，也都想分享私房配方，如果還可以靠它謀生，樂在工作的境界莫過於此。這就是「你來釀酒」成立兩年就暴紅的原因：提供每個從愛喝手工啤酒到手癢想自釀專屬口味的酒客一處圓夢工廠。

「你來釀酒」在總部購置了一具可釀八百公升的超大製酒機。丹漢說，他們為了進口這部機器，和歐盟官方艱苦交涉十一個月，但交易一獲准，馬上就有十五家客戶願意月付五百英鎊（約合新台幣二萬元）搶先採用。

「你來釀酒」從提供導引課程、工業化設備，到延攬專家輔導釀酒門道皆包辦，協助家庭手工釀酒業者升級，讓他們可以在這裡商業化擴大生產，進入市場。

從「你來釀酒」學成畢業的新酒吧不少，已經被媒體注意到的老肯特路酒廠正是其一。創業三人組之一的克拉克（David Clack）說：「拿到第一批酒時我們很驚訝。原來釀出一杯在酒吧得花七英鎊的啤酒，過程竟然超簡單。」

另一家「燃點酒廠」則是社會初創企業的代表。創辦人曾是經濟學家，偕同兩位釀酒老師傅帶領一班學習障礙的弟子在此學釀酒，希望讓這家相當於「手工啤酒界的喜憨兒工廠」茁壯下去，最好還能拋磚引玉。

一點就通

- 許多手工業或家庭小事業，可能各具特色、各有心法，具有商業化的市場潛力，若能找出其中的新模式，就能率先成為「賣釣魚竿」的開放平台。

27

新零售思維

蔦屋書店：手機能做的一律放棄

蔦屋書店母公司ＣＣＣ（Culture Convenience Club，直譯為文化便利俱樂部）以ＤＶＤ租賃連鎖店 Tsutaya 起家，旗下位於代官山的「蔦屋書店」，自二〇一二年被美國網站 Flavorwire 入選為全球最美的書店以來，一舉成為文青的朝聖地。

靠著影音租賃事業起家、實體加盟模式獲利的ＣＣＣ，在網路衝擊下面臨挑戰。ＣＣＣ雖然減少分店數，賣場面積卻越開越大，書籍營收更逆勢成長，並從影音租賃、書店，甚至做到賣起家電。

ＣＣＣ社長增田宗昭改變了書店的商業模式。他們造訪星巴克美國總部，懇請把全球最有藝術氣息的星巴克設立在銀座的新店面，只有這裡喝得到費時費工的滴漏式咖啡。同時經營星巴克咖啡以及文藝展演空間，想辦法創造整體獲利。

增田宗昭坦承，現在的蔦屋書店距離他心目中理想的樣貌還很遠。他認為，光是把書上架是不夠的，擺放書籍是為了傳遞某些訊息——他們賣的不是書，而是生活形態。

書是提案生活形態的媒介，若與生活形態無關，就不會出現在蔦屋書店。讀者若有目標去找書，上網就能買到，但在這裡是「發現」，因為書店提案的是價值。

增田宗昭認為，蔦屋是「企畫公司」，必須提出新時代的企畫。因此諸如亞馬遜書店，凡能透過智慧型手機做到的事，他們一律放棄。

Tsutaya 共有一千四百二十一家分店，約有八百一十二家賣書，未來全店都會有書。即使是加盟店，也必須轉換形態，以往是結合租賃和書籍，現在再加入咖啡店與文具，透過複合式經營奠定獲利結構，使ＣＣＣ處於正在萎縮的日本書籍市場，書籍銷售卻不減反增。

一點就通

- 在網路時代，零售思維已經改變，書店已不只是通路，而成為企畫公司，將自己的定位轉型，就能提供顧客不同的創新價值。

28

社群網站轉型

中國醫界批踢踢，先做信任再做生意

李天天創辦的丁香園，是中國線上醫療領域的龍頭，全中國共有兩百七十萬名醫師，其中兩百萬名是丁香園的會員。要管理一群醫師相當不容易，不過丁香園自有一套做法，而且單純得出乎意料，就是：建立一個讓醫師自主治理的體系，並長期堅持以累積信任。

丁香園，是李天天二〇〇〇年攻讀哈爾濱醫學院時，架設在網易論壇上，與同學分享醫學資訊的一個空間，後來人氣逐漸升溫，慢慢發展為醫藥學術交流論壇，宛如醫學界的「批踢踢」（PTT），供醫界人士分享專業資訊，成為各板的板主，義務、自主管理。

這個龐大的基礎，讓李天天最後在二〇〇六年決定放棄即將到手的醫學博士學位，走上創業之路，丁香園擺脫靠網友捐款為生的模式，轉型為商業化經營。但挑戰是，為了抓住醫師的認同，丁香園不能過度商業化、不收廣告費，以B2B（企業對企業）的獲利模式為主，包括幫醫藥企業徵才、幫生技公司買試劑、耗材，但營收成長緩慢，李天天一度抵押房子來支付員工薪水。直到成立逾十五年，丁香園營收才突破人民幣一億元。

與中國另兩個行動醫療網「好大夫在線」、「春雨醫生」相比，這兩家都是從病患端的服務開始發展，唯有丁香園是從醫師的需求出發。但丁香園由於策略細膩、有層次，在醫藥專業形象的基礎下，先從醫學界著手，把服務延伸至病患端，病患數急起直追，成為目前三個平台中唯一獲利者。

勇於改變，抓準時機就跨足新市場

為了抓住醫師，維持網站內容的專業度，丁香園有超過五十人、以醫藥科系背景為主的內容編輯團隊，為每篇文章把關。李天天說，丁香園共有超過二百五十位板主，負責管理討論文章，以及為各醫師網友發表的文章評分，所有人都可以給積分最高的醫師鼓勵，無形中強化了丁香園在中國醫師社群的向心力。

此外，李天天每年都要在中國各地親自會見幾十個醫師網友，透過長年實際晤面的互動，加上虛擬的積分制，丁香園慢慢築起一道最高的競爭屏障。

近年，搭上中國人口老年化快速問題，中國的「在線醫療」議題成為新顯學，丁香園搭上騰訊的微信平台，傳播力量可連結政府、醫院、醫護人員、病患、商業保險等，各方進行互動，甚至跨領域合作。至二〇一六年，丁香園在微信端的用戶，已突破千萬名。

丁香園透過像「丁香醫生」（提供患者一對一醫療諮詢服務的 App）這種自行開發的軟體，幫助患者提升就醫效率和體驗，這是其他診所做不到的事情。

這個堪稱全世界最大的醫師社群網站，吸引了阿里巴巴、騰訊、百度等中國各大網路巨頭的注意。二〇一四年，即使丁香園的營收不到人民幣一億元，便已吸引騰訊砸下七千萬美元投資。

從網路起家，挾著龐大的醫師社群資源，丁香園宣告要從線上跨足至線下。二〇一六年一月成立實體的「丁香診所」，成為丁香園從「B2B」跨足到「B2C」，建立起醫療O2O模式的里程碑。

此外，丁香園也持續進行跨業結盟，不斷從企業端挖金礦，最新合作對象就是保險公司。丁香園與騰訊、眾安保險合作，透過騰訊「糖大夫」為糖尿病患檢測，丁香園透過長期累積的大數據分析能力，根據其檢測結果，提供適合的健康管理方案；對於眾安的保戶來說，每次按照要求測量，可獲得一定金額的回饋保費，理論上血糖越正常，發病可能性越低，自然就降低了保險公司的理賠金，變成丁香園的新商機。

一點就通

- 經營好專業性社群的信任關係，B2B、B2C甚至異業結盟機會就在其中。
- 台灣醫療服務發展成熟，與其他產業跨領域合作的可能性更豐富，也將是台灣搶攻中國龐大醫療商機的一大優勢。

29

店面不賣產品

下一個優衣庫，Factelier 推翻快時尚規則

創立於二〇一二年的日本服飾品牌 Factelier，由於種種創新策略而快速崛起，被日本媒體喻為繼迅銷集團（優衣庫母公司）董事長柳井正之後，「下一個改變日本成衣業的人」。

Factelier 這個名字，是由工廠（factory）與工作室（atelier）所組成，也點出其特殊的「工廠直送」商業模式——主打高品質日本製造，但實體店面僅供體驗試穿，不備庫存。消費者若想購買，必須到官網下訂，再由工廠出貨直送到府，省去中間銷售成本，以換取較便宜的價格。

這是全新的商業模式。

創辦人山田敏夫發現，由於人力成本提高、代工廠外移，日本製的服飾比重已由一九九〇年的五〇%，衰退至二〇一四年的三%，跌幅超過九成。他拿出五十萬日圓（約合新台幣十三萬四千元）積蓄創業，打算做主打「MIJ」（Made in Japan）的高品質服飾，五年下來，他靠著電話黃頁簿一間間聯繫，並親自拜訪超過五百間工廠，才終於找到吻合其標準的五十家合作夥伴，但這段過程也讓他慢慢找出工廠憂慮的問題，變成合作誘因。

讓工廠自行定價，共同承擔風險

他拋出的第一個誘因，是讓工廠自行定價。

在過去，服飾售價多由品牌決定，工廠僅能拿到微薄的二〇％，只好往更上游壓縮成本。而如今，山田敏夫讓工廠自行定價，工資約變成兩倍，但雙方也須共同承擔風險，各買下第一批產品的一半庫存。換句話說，若產品賣不好，工廠的利潤就會縮減，這等於讓所有人站上同一條船，共同為好產品而努力。

接著，他瞄準老師傅長年以「職人」自許的榮譽感，無論襯衫、牛仔褲或背包，每一個Factelier商標正下方，都會繡上該商品製造工廠的名字。既有聯名款的概念，又可與大量複製的中國製造拉開區隔。

有了好產品，下一個考驗是銷售。

山田敏夫坦言，由於製造成本偏高，若再放到百貨通路販售，單價至少又會多出五成，因此只有用網路賣，才會是普羅大眾可接受的價格。

●公開大量細節以取信網友

乍聽之下合理，但一件定價新台幣約三千元的白襯衫，網路上賣得動嗎？全日本只有四間體驗店，山田敏夫說服顧客在「摸不到襯衫」下埋單的方式，是「公開越多細節」以在網路上打動更多人。

點開 Factelier 官網，大量影音和圖像說明，是其最大特色。

小從襪子，大到牛仔褲，每個產品都有一支獨立的一分鐘影片，記錄其生產流程。如襯衫等工序較複雜的產品，甚至還有圖表拉線拆解，分別指出包括領片、肩寬、鈕扣縫法等十二個小細節，是決定一件襯衫是否好穿的關鍵。

此外，合作的五十間工廠，也全都有自己的獨立頁面，放上職人工作照、簽名、工廠歷史等紀錄。

包裝則是另一個重頭戲。

顧客下訂後，產品將由各地工廠送到 Factelier 的小倉庫進行包裝，除了核對產品，更重要的步驟，是依序放入手寫信。舉例來說，當顧客買了一件T恤和一條牛仔褲，將在包裹內拿到三封信——T恤職人、牛仔褲職人，以及山田敏夫自己的手寫信，透過各式社群軟體開箱文的傳播，成為品牌記憶點。

與精品掛鉤，提升品牌形象

最後一個細節的展現，則隱藏在官網的「顧客回饋」裡。這份顧客名單十分驚人，包括日本Chanel、LV、Hermès等精品執行長全在其中，讓同樣強調職人的Factelier，儼然與精品站在同一陣線。

然而，這並不是自然形成的結果，而是山田敏夫花心思一個個寫信邀請來的。他透露，光是日本Chanel執行長克勞斯（Richard Collasse），自己就至少寄了十封手寫信，前九封毫無回應，最後，他發現這位執行長同時也是小說家，於是一口氣讀完他六本著作，寄出一份長長的心得，才有碰面機會。

「我一碰面就告訴他，你不用贊助我任何錢，但請支持這個品牌的職人理念，支持日本製造的行動！」山田敏夫認真表示。

有精品的背書，除了提升品牌形象，更幫助他避免同業攻擊，因為讓工廠自行定價的策略，確實引發成衣業界不滿。

與顧客面對面，職人駐點介紹產品

品牌的最後一哩路，是顧客。

山田敏夫非常清楚，他不需要很多顧客，但需要非常忠誠的顧客！他的路徑，是用各種長短期活動，把原本位於光譜兩端的「顧客」與「工廠」連結起來。

首先，是每週一次的消費者體驗。每逢週末，四間實體店都會邀請職人駐點，就近介紹產品，和消費者交流。

其次，是每月一次的工廠參訪，開放三十個名額，帶著顧客深入工廠參觀製程，往往一天內就全數額滿。

最後，是每年一次的「代廠徵才」，協助一百多名應屆畢業生，與三十多間老廠媒合。

這套商業模式，在紡織成衣業與日本大環境類似的台灣，也相當具有參考價值。若擁有專業職人的老代工廠，和擁有創意的品牌行銷部隊能跨界整合，也能改變快時尚產業的遊戲規則。

一點就通

- 打破市場規則不僅要有理念，更要有相對應的策略。
- 開零庫存的體驗店、工廠聯名、與精品掛鉤……，高成本的本地製造新品牌，必須靠新策略走出自己的路。

第 5 章

要比客戶更善變

機會：人口結構改變——創業者對焦經營沒人在乎的客群

來自企業外部的創新機會中，人口結構的改變是最可預測與風險最低的。例如，日本人在機器人產業的發展遙遙領先，就是因為及早關注到出生人數下滑、未來勞動力人口將不足的趨勢。

30

擴大目標市場

日本嬰幼兒食品轉攻銀髮族

日本新生人口增加的速度不及銀髮人口，導致靠嬰幼兒吃飯的嬰兒食品銷售狀況跟著一落千丈，但專做嬰兒食品的和光堂（Wakodo.Co.）卻發現，銀髮族突然成為成長中的客源，因此在行銷包裝上做了些許策略性的改變。

針對現在銀髮族多半不服老也不喜歡承認自己年齡的心態，這些加工食品在包裝上會避免提及適合食用年齡，或是模糊帶過。和光堂稱這些產品為「趣味餐」，有的則宣稱自己的食品適合「零到一百歲」食用。

銀髮族群的增加，不只讓嬰兒食品公司調整銷售角度，也讓許多原本依賴嬰幼兒的產業，開始開發適合高齡人士使用的各項商品。例如，有玩具製造商開始改良電玩主機，增加把手厚度，並將產品放在安養院商品批發商通路販賣。

在娛樂方面，有卡拉ＯＫ製造廠商特別為喜歡唱歌的高齡人口，製造一款附有卡拉ＯＫ功能的運動健身機。甚至豐田（Toyota）等汽車廠商也為銀髮族群貼心設計，將後車廂改成輪椅可便利上下的斜坡，或是設計特殊座椅。

一點就通

- 社會結構改變，高齡化社會將無法避免。銀髮族群的食衣住行育樂，將衍生源源不絕的商機。
- 守住本行，再將服務層面延伸到新領域，就能創造新機會。

31

切合新價值觀

跟團旅遊不為享樂，卻做公益

美國調查機構皮尤研究中心（Pew Research Center）二〇一六年宣稱，千禧世代正式躍為全國最大群體。這個被媒體《快公司》（*Fast Company*）視為「想把世界變得更好」的族群，正在改變旅遊業，開發出公益旅遊新形態業務。

《彭博商業週刊》（*Bloomberg Businessweek*）報導，越來越多三十歲上下的年輕企業家，摒棄傳統旅行社安排的套裝行程，選擇寓工作於玩樂的「社會效益（social impact）假期」，即刻意選擇經濟尚待開發的國家，遊覽之餘同時為當地人謀畫發展大計。

內文舉非典型境內旅行社突圍（Breakout）為例：成立兩年多，招攬約一千五百名會員，其中三分之一來自科技業、四分之一具有媒體或文創背景。即使三天行程要價二千二百五十美元（約合新台幣七萬三千元），比一般同類型行程高出近十倍，還得面試審核資格，報名人數依舊爆棚：一團超過五十人很尋常，後來還動輒破百。像是表演藝術指導顧問妮諾（Nathalie Molina Niño）也曾跟團，並且將底特律弱勢婦女的手工飾品引薦給當時的第一夫人蜜雪兒．歐巴馬（Michelle Obama）。

突圍走本土路線，全球最大郵輪公司嘉年華（Carnival）則放眼國際，推出公益旅遊郵輪新品牌 Fathom，前往中美洲國家多明尼加。三天行程裡天天都安排義工服務，包含教導在地兒童學英文，或製造當地稀缺的陶製濾水器等。

公益旅遊雖然能做的事不多，也做不了什麼偉大的善事，但其意義正是不因善小而不為，而且能與在地人密切互動，更能給旅行者在一般旅遊中所比不上的收穫。

一點就通

- 千禧世代的價值觀已與嬰兒潮世代大不相同，更具有公平與正義意識，也更願意為社會公益付出，抓準此新世代的特色，也能找出新商機。

32

消費族群轉移

全台最大藝術電商，靠年輕消費者崛起

帝圖科技文化是全台最大藝術電商，也經營實體拍賣會，在這幾年台灣拍賣市場萎縮後，才開啟新的通路模式。全球買家如今不用飛到拍賣會現場，而是在網路上先瀏覽拍賣品後，透過直播系統，在網路上競投商品。

帝圖董事長劉熙海，原為文化大學電機系副教授，更是年薪千萬的補教名師，卻在五十歲時投身創業，踏入藝術拍賣界。他分析，台灣的藝術拍賣市場資訊封閉且神秘，進入門檻高，身為市場後進者，他決定反其道而行，先面對大眾市場，建立藝術網站，累積聲量後，再投入高端市場。

帶起人流，掌握藝術界所有消息

學理工的劉熙海，從資訊角度切入，聘請影音記者和工程師等，不僅撰寫國內外藝文消息、拍攝上千部影音新聞，還設計3D建模技術，在網頁上呈現七百二十度藝術品影像。

他為此賣了三棟房子，一度覺得走不下去。近年，隨著網站累積五萬名會員，才讓他開始倒吃甘蔗。帝圖與國內逾一百間畫廊、兩千名新銳藝術家合作，提供交易平台，從中收取廣告和三〇%佣金等費用，營業半年就賣出三百幅畫作。

帝圖下的TODAAY藝術電商則順勢打開了年輕人市場。對比實體拍賣動輒百萬元的消費規模，藝術電商則瞄準中低階市場，消費金額集中在三萬到五萬元間，年齡層為二十五歲到三十四歲。此外，相較於實體拍賣的主要用途是蒐藏或投資，作者一般不在世，有鑑定問題，藝術電商多主攻當代藝術，創作者均尚存，較無真偽問題。

而畫廊願意把藝術品放在此平台拍賣的原因，則在於媒體和粉絲群的力量。對畫廊來說，有了帝圖媒體的助力，每月瀏覽次數可達上萬人。此外，股東包含國發基金與資策會的帝圖，也提供大數據分析，將會員的年齡層、職業、收入狀況等，與其瀏覽偏好、關鍵字搜尋等資料，經交叉比對，提供畫廊做精準行銷。

一點就通

- 現代年輕人已有自己的品味，透過更低價的通路，和更投其所好的產品，即使是藝術領域，也能打破過去被定位為富人限定的蒐藏市場，降低消費門檻，把餅做大。

33

體驗經濟這樣玩

一小時公主夢，大學生願花一萬三

二〇一四年底的某個夜晚，東京街頭出現一輛長達八公尺的白色豪華禮車。身穿小禮服、腳踏高跟鞋，盛裝打扮的五位年輕女性，正緩步下車，她們不是電影明星，也並非出身豪門的富家千金，而是平凡的女大學生。

她們參加的「禮車公主會」，是由專門籌辦紀念日活動的 AniPla 公司推出。從一棟名為「灰姑娘之家」的獨棟洋房開始，參加者在此換上禮服，踏入前來迎接的豪華禮車。車內，不但飄著五彩氣球，還備有香檳和高腳杯；五位公主一邊用手機自拍，一邊周遊東京塔等景點。夢幻般的時間稍縱即逝，一小時的旅程在五人分攤下，一人的費用為九千八百日圓（約合新台幣二千六百元）。

日本年輕人不消費，是存在已久的現象，但這並不表示年輕人只顧存錢，他們只是偶爾花、聰明花，哪怕只有一瞬間，像這樣脫離日常現實，一嘗「上流社會」的體驗，正是時下最熱門的需求。

禮車租賃，原本主力市場在接待海外名人，如今「一般女性」卻點燃新的需求。這股風潮自二〇一四年開始加溫，在臉書等社群網站推波助瀾下，一發不可收拾。

禮車公主會在二〇一四年春天推出後，即引發網路話題和人氣，連 AniPla 社長田中彩子都難掩訝異：「我們知道這個服務會紅，但沒想到紅得這麼快，社群網站的威力實在超乎想像。」

一點就通

- 透過社群媒體的擴散力量，就有機會抓準年輕人願為獨特體驗付錢的消費行為，把商機做大。

34

拒絕過路客

比爸媽還挑剔，親子餐廳每逢假日必滿座

只做零到六歲小孩生意，主打「親子牌」的大樹先生的家（以下簡稱大樹），抓住都市缺乏活動空間，父母又想帶小孩到處玩的心理，而把餐廳打造成遊樂園。大樹成立一年半已開三家店，是近年展店速度最快的親子餐廳，客人在假日必須提前兩個月預約。

大樹台中店，是獨棟的兩層樓，占地兩百坪，有近十坪大的球池和沙坑，只見滿場小孩開心大笑，小孩媽媽忙著拿出手機拍照，上傳臉書、打卡。多數親子餐廳遊樂設施占不到總坪數的三分之一，大樹卻每家店都有一半以上空間是遊樂設施，還有兩歲以下小孩的專屬遊樂區。

吳昭平創辦第一家店時，才二十七、八歲，台大經濟系、英國倫敦政經學院畢業的他，創業前曾在花旗銀行擔任大型企業部客戶關係經理。外銀金童轉行開餐廳，全因一段歐洲留學經驗。

看見市場缺口，著手補足基礎需求

他發現，許多歐洲國家有政府委外民營的親子空間，包辦各項照護功能，但在台灣，父母帶小孩外出，即便到親子餐廳，也只能解決吃的問題，無法滿足玩樂和學習需求。他這個外行人看見市場缺口，就找來曾有餐飲背景的謝杰凱一起開店。

吳昭平一開始創業就不走傳統餐飲業路線，而結合教育、遊樂、投入玩具開發，旗下人才也是跨領域結合。他找來五位政大、師大畢業，具備幼教背景的專家當顧問，看似平常的球池用塑膠球，必須從頭找材料、設計，為了兼顧安全性，每顆球還得送檢測，確保耐壓、耐重，接縫處平滑。

又如為了讓六歲以下孩童能在水池邊玩水，從階梯、扶手高度，到座位跟池面之間的距離，都得精心設計，並加裝淨水器，即便喝到水也不用擔心。

單有硬體還不夠，大樹由近十名員工負責規畫一系列活動，每三個月更換一次主題，例如氣球節、日文節等，免費教授孩童才藝。主題式經營引發口碑效應，迅速在臉書社群建立知名度。

站穩腳步後，接下來則是深化經營。

以堅持鞏固品質，抓緊顧客回頭率

光大台北地區，二〇一五年，每月至少有三到四家親子餐廳開幕，競爭者眾。況且小孩客單價低，用餐速度慢，翻桌率不比其他餐廳，獲利者並不多，培養一群願意掏錢的熟客，是獲利關鍵。

為了讓家長放心，大樹的遊戲設施有專門人員照顧小孩，其中半數曾有幼教經驗。例如進入水池前，協助脫鞋、穿雨衣，到操作玩具，都有一套ＳＯＰ。新手到獨立作業，至少需要三個月。

大樹每天只開放三個時段，採預約制，不收過路客。起初不少顧客無法接受，打電話客訴，但吳昭平堅持這麼做，確保小孩盡情玩樂，並利用空檔清潔環境。

此外，多數親子餐廳不會額外收清潔費，六歲以下幼童常不點餐，導致客單價無法拉高；大樹則對六歲以下兒童假日收一百八十元清潔費，且不可抵餐費，使得一大一小的平均客單價約達八百元，高於一般親子餐廳。

預約制、清潔費，看似「不便民」的措施，沒把顧客擋在門外，反而吸引一群對品質要求的鐵桿粉絲支持，回頭客比率達七成，每逢假日滿座率達一〇〇％，成立第一年單店營收就破三千萬元，轉虧為盈，還吸引百貨龍頭新光三越上門，邀請其進駐。

一點就通

- 了解客戶真正在乎的事情，就有機會用品質打破他們對價格的敏感度，牢牢抓住客戶的心。
- 當市場停滯時，唯有持續差異化，才有勝出機會。

35

別讓顧客傷神

驚奇「盲旅」，去哪玩上機前才揭曉

一星期後就要出國旅行，目的地卻還一片空白！荷蘭旅行社 Srprs.me 推出「盲旅」的機加酒行程，要去哪裡玩，有人直到上飛機前一刻才見分曉，忍到最後才揭開驚喜。

「現在旅行的選擇實在太多，有人安排一切正合我意，」帶著小孩出遊的盲旅旅客說。在出發前一週，旅客只會獲知離境的機場、時刻，以及當地的天氣預報。目的地雖然遍及世界各地，但能選擇的只限主題，其中不計較餐點、住宿的「破產」行程，三天價格從一百三十五歐元（約合新台幣五千元）起跳。

想參加的旅客，雖然不能選擇地點，但可以按照天數、預算、主題來縮小行程範圍。出發前一週，旅客會收到一張刮刮卡，自行決定何時在網站上輸入卡上號碼，揭露行程細節。除了單身聯誼、蜜月訂製行程，也能購買禮券，讓親友自選時間踏上盲旅。

Srprs.me 有時也會給客戶一些驚喜，例如，當客戶生日或剛剛結束一段關係時。Srprs.me 會給他一張票，加上巧克力或鮮花，以盡力取悅客戶讓客戶更忠誠。

到二〇一七年底，已超過六萬人次踏上 Srprs.me 的盲旅。

一點就通

- 在充滿競爭、選擇過多的市場，讓客戶不必費力做選擇，也是一種解決方案，過程本身亦提供了額外的樂趣和體驗，同時創造了行銷話題。

36

去中間化

瞄準自助客，KKday 重塑旅遊業生態

去日本賞櫻、到澳洲看企鵝歸巢遊行、探訪澎湖的藍洞秘境，這些行程安排都是旅行社的專長，但遊戲規則正在顛覆當中。

亞洲最大旅遊體驗平台 KKday，讓海內外旅人透過他們，購買一個個旅遊的「零件」，自行組成整個行程。

成立於二〇一四年的 KKday，是台灣第一個 Local Tour 電子商務平台，已打造出逾六千五百個體驗行程，服務一百七十四個城市。

依據觀光局統計，二〇一六年台灣超過一千四百五十八萬人次出國，三成選擇團體旅遊，自由行的旅客卻超過六成。新創業者「去中間化」的能力，正逐漸瓦解旅行社的一塊塊服務版圖。

KKday 執行長陳明明觀察，當新形態O2O電商將旅遊元件拆成零件、分開販售時，最大的特色就是「不用落地台灣，就能把市場搶掉一大塊」。

有別於販售套裝團體或機加酒行程的傳統旅行社，KKday 將「行程」拆開出售，包括機

場接送、景點門票、體驗工作坊等，提供旅人更客製化的旅遊體驗，即使旅客只有一、兩人也能訂購成行，還能依淡、旺季有不同定價。

KKday 成軍不到兩年，營收即翻倍成長，這樣的熱度也突顯了對傳統旅行社造成的壓力與挑戰。

一點就通

- 面對個人化、客製化的市場趨勢，所有產業都可以重新思考，如何以新的獲利模式滿足顧客需求，以免被時代淘汰。

37

職家平衡方案

帶小孩上班！親子工作室超搶手

孕育不少新創企業、讓SOHO族彼此交流的「共同工作空間」（Coworking Space），在日本誕生了「親子版」，提供主婦不用再煩惱小寶貝沒人照顧，直接帶孩子上下班方案，一舉解決主婦因育兒失業，企業卻又人力短缺的雙重困境。

親子工作空間媽咪廣場（mama square），將原本親子餐廳的業務橫向延伸，除了遊樂空間與用餐區，一旁以透明窗相隔，增設了媽媽專屬辦公室，專門承接企業客戶的外包工作。因為工作時間彈性，還能兼顧家庭，就算時薪九百日圓（約合新台幣二百八十元）在日本偏低，每次招募仍吸引十倍的求職者應徵。

作為企業客戶的好幫手，下一步則直接當包租公，分租辦公桌給鄰近企業，讓員工不須因育嬰離職，繼續安心上班。比起每家公司獨力提供育兒資源，要各自提供托兒服務或設施，共享的親子工作室，一桌每月十五萬日圓（約合新台幣四萬元）的租金，仍收買了企業主與媽媽員工的心。

媽咪廣場所提供的價值，首先在於共同看護省人力，除了在場的保育員外，孩子媽媽可以透過玻璃關心，就像彼此幫忙照顧孩子，減輕獨自育兒的壓力。其次，求職者不乏過去職場上的「女強人」，復職後比一般年輕人更認真，人才素質有保障。最後，地點設置在大型商場，婦女下班後可以順便購物，進一步吸引商場、教育、食品等多方面的異業合作，同時兼顧育兒與刺激消費，創造多方共贏。

一點就通

- 針對小家庭或單親家庭的需求提供相應的服務，不僅可創造新的商機，也能成就更圓滿的社會。

38

為一棵樹造一片林

亞洲最大設計電商 Pinkoi，專門滿足小眾需求

亞洲最大設計電商 Pinkoi，以超過八千家設計館、九十萬件商品數領先同業，販售商品囊括紙膠帶、手作飾品到包包、家具。和其他電商最大的不同，是 Pinkoi 商品標榜「原創設計」，由經審核的海內外設計師供貨，賣到全球八十八國、一百七十五萬名會員手上，平台從中抽成。

Pinkoi 的生意模式，正好與台灣製造業習慣的量產思維，完全背道而馳。但其面臨的處境，卻正是小眾時代來臨時，最犀利的挑戰：每個消費者都想要獨一無二的產品。

「玉兔鉛筆一枝不到十元，但這群人就是願為手工木製鉛筆花上五百元！」Pinkoi 創辦人兼執行長顏君庭口中的會員，多為二十五至四十四歲的女性，她們不願向主流靠攏、「不想和別人一樣」，也因每個人喜好都不同，即使和其他會員買到同樣商品，都會覺得很感冒，而 Pinkoi 卻能讓這群史上最難討好的客戶埋單。

精挑細選，滿足史上最挑剔的顧客

Pinkoi 是這樣幫客戶找產品的：該公司成立四人組成的評選委員會，專職審核每個月超過百件的申請書，進行原創性、年份鑑定（Pinkoi 也販售十年以上的骨董品）、照片表現、賣家銷售經驗等近十關審核。

第一關，只要商品樣貌「似曾相識」、有侵權可能，或上架後被顧客檢舉，就直接淘汰。Pinkoi 的賣家「錄取率」僅一〇%，被刷掉的九成，幾乎都敗在原創性。

然後，為了讓品味小眾的顧客，都能在平台上找到喜歡的商品，設計師的數量成為 Pinkoi 維持商品多樣性的關鍵。

然而，在台灣設計師未成熟的情況，或多是兼職工作下，Pinkoi 還得自己培養設計師。創立初期，顏君庭與團隊每週開車南下拜訪，每季寄卡片、電話問候，花了一年，才開發出前一百名設計師。

甚至，為了讓設計師有更多利潤可以生存，Pinkoi 把對設計師的抽成降至一成，是實體通路的五到三分之一，當同業行銷預算不到營收五%，該網站卻撥出近六成年營收、每年約三千萬元的行銷費用，為賣家舉辦工作坊，教導拍照、包裝、運費計算方法；每月還舉辦不抽成的實體市集，讓設計師與粉絲互動。

客戶要的是一棵樹，他們卻為客戶造了一座森林。

Pinkoi做這麼多，只為了最初的承諾：有一個人想要，他們就賣。

「刁鑽」的客戶也沒辜負Pinkoi。

Pinkoi目前的顧客回購率高達七成，他們堅持原創、不追求規模經濟的做法，讓設計師、平台、顧客形成金三角：經由平台，即使再刁鑽的顧客需求，都能傳達到設計師耳裡，只有一件商品也能量身訂做，成為對小眾溝通最有效的做法！

▼一點就通

- 找出方法滿足顧客看似「無理」的需求，即便服務小眾也能做到最大。
- 透過平台，儘管不追求「大量」，也能透過商業模式做出事業規模。

第 6 章

換個腦袋思考

機會：觀念改變——創業者用與一般人不一樣的角度看事情

同一件事情，從不同的角度看，就會帶來不同意義：「半杯水」可以看它「已經滿了一半」（失去一半機會），也可以看它「還空著一半」（還有一半機會）。觀念的改變並不會改變事實，卻會改變事實對人們的意義，創造新的機會。比如眼鏡最初只是為了滿足健康（改善視力）的需求，但當廠商將其意義轉化為流行配件後，便開啟了新的市場。

39

倒過來想生意

正瀚生技先鎖定大客戶，再尋找突破口

每一年，全球大約四成的玉米，與約五成的黃豆產自美國。美國俄亥俄州因為盛產玉米，使密蘇里等州被稱為「玉米帶」；在這裡，每位農戶的農地面積平均約是台灣農戶的兩百倍，任何一種蟲害、疾病引發的損失同樣是兩百倍大，因此他們不像台灣農民有病蟲害才買藥，而是從整地除草開始，到最後的收割期，以一英畝至少一百五十美元（約合新台幣四千五百元）的代價，向通路商購買一個包括除草劑、農藥、肥料、營養劑等在內的完整套組，一手包辦農作物的生老病死。

艾格瑞（Agrium）公司是美國市占率約二五%的農業生技龍頭通路商，在它販售的套組裡，多半是拜耳、杜邦、孟山都等大廠的藥品與肥料。年營收不到新台幣五億元的台灣公司正瀚生技，卻成功打入艾格瑞，和這些全球巨擘拚高下。

針對龍頭通路商量身訂做產品

正瀚生技董事長吳正邦靠著他的研發能耐，在美國農業生技領域打滾超過三十年，二〇一三年回到台灣，正式創立正瀚。但技術能力只是入場門票，要跟大廠角逐，吳正邦選擇：不跟隨大廠的規矩。

過去，台灣熟悉的創業模式是：研發出一個好技術，再去找客戶、想辦法打開市場；若是代工生產業者，終其一生都不會接觸到實際產品使用者。

但正瀚的模式卻是「倒著做」，一開始就先鎖定龍頭通路商艾格瑞，仔細研究其套組中有哪些商品，從中找「破口」，也就是原產品競爭力不足的地方。當量身訂做的產品成功開發後，艾格瑞就是現成的客戶。

為了找破口，每年吳正邦都花上數天，在美國的玉米田、黃豆田、葡萄園，或是飼牛場裡與農戶閒聊，這是最重要的市場資訊蒐集，從中他知道農民對種子品質還不滿意、對抗某種疾病的能力還不足。

不滿，就是「破口」，就是他的機會。

吳正邦把「破口」的資訊帶回實驗室，讓研發團隊接棒，開發出更優質的產品。正瀚所做的植物營養劑類似荷爾蒙概念，以化學等原理刺激植物的基因表現，例如幫助種子吸收到更多養分、長出肥壯的幼苗等，藉此優化經濟作物的質量。

從農民利潤回推產品售價

傳統賣肥料，售價是成本再加上合理的利潤空間所得出。但在正瀚，產品的售價多少，全然是看能替農民創造多少效益，再回推回來。當產品一開發出來，正瀚就直接從艾格瑞的客戶中，挑選五百位農地面積較大的大農戶試用一、兩年。

以主力產品Radiate為例，佛羅里達大學分析正瀚的效能與競品相比，產量提升二〇%以上，而農民試用的結果，則是每英畝收益增加約四十五美元（約合新台幣一千三百五十元），大型農戶一個產季下來，收入就多了新台幣一百多萬元。

如果農民願意購買這個農藥以增加獲利，艾格瑞會留下約五成的獲利，剩下的五成獲利則全給正瀚。正瀚不是平白獲得此高毛利率，它要理解最終用戶如農民需要的技術，並且滿足他們，還要精準琢磨採購者，也就是通路商最在乎的利益。

正瀚在跟艾格瑞打交道的過程中，會提出比原有的解決方案更有效益的產品，但不會隨意「越界」整合。因為若其產品整合度太高，一種農藥抵三種藥物，雖然能讓正瀚提供給客戶的單品售價提高，但最後配套產品的售價反而被拉低，在營收成長的考量下，通路商可能會拒賣。

這是正瀚身為小廠，但能與大公司周旋的生存之道。吳正邦還小心維持產品的「稀有性」，一項產品只賣給一名客戶，一旦確定合作關係，其他客戶出再高價也沒用。獨賣模式的好處是：公司不必大規模布建銷售團隊，就好像賓士汽車進入台灣市場，德國總公司只要出貨給總代理中華賓士，中華賓士就會負責後續的通路布建。後來，艾格瑞以子公司名義入股正瀚，持股約三成，但正瀚依舊保有完整的銷售主導權。

一點就通

- 追求規模經濟不是唯一的競爭邏輯。即便面對幾千倍大的對手，只要把自己放在最合適的位置，做針尖企業，破壞市場規則，小蝦米也可能出頭天。

正瀚倒著來的營運模式

1. 鎖定客戶，找產品切點（約一年）。
2. 研發產品（至少兩年）。
3. 與學術單位合作，準備研究數據（需時一年）。
4. 申請美國國家環保局登記（最少一年）。
5. 找五百名農戶試用，拿實際成績向客戶證明（一年）。
6. 交由客戶自行實測（一至二年）。
7. 產品上市（約可銷售二十至三十年）。

40

改造生態系

把代工廠當夥伴，萬魔聲學三年當上中國耳機王

萬魔聲學董事長謝冠宏，曾是鴻海集團新綠數事業群總經理、美格科技共同創辦人，每年為鴻海貢獻逾百億營收，為鴻海拿下蘋果 iPod、亞馬遜 Kindle 等大客戶訂單，蘋果創辦人賈伯斯、亞馬遜執行長貝佐斯等全球科技巨擘，都是他交手過的大咖。

離開鴻海後，謝冠宏婉拒所有代工廠的高薪邀約，包括小米科技的雷軍，決定自己出來創業。謝冠宏和幾個一起從鴻海離開的創業夥伴琢磨很久，最後決定要做耳機。

萬魔合夥人兼副總裁章調占當時聽到嚇了一跳，心想以前做的產品每年收入都幾百億的，不懂為何謝冠宏選了耳機，但在謝冠宏眼中，耳機其實是一個尚待開拓的藍海市場。因為長久以來，中國耳機市場十分兩極，卻少有品牌能滿足重視性價比的中端消費者。

同樣都在中國製造生產，為了差異化，謝冠宏做的第一件事情是：改變整個生態系的利益關係。

謝冠宏回想，以前品牌跟代工廠永遠只存在零和關係，其實扼殺了代工廠很多創新的可能性。他解釋，過去，當品牌商想打造一款售價人民幣四十九元的耳機，便要求代工廠只能

用二十元做出產品，成本、售價都由品牌商說了算，代工廠只有不斷被砍價的命，有好的想法根本不會提出來。

然而，萬魔和代工廠的關係，就像是「一起搶商業銀行」，產品上市前，從售價、成本結構，到相應的規格、材料、技術……，都由雙方共同討論、制定。

選擇不做什麼比要做什麼更重要

萬魔即時把消費者的反應與銷售數字回饋給供應商（代工廠），大家一起想辦法應對改善，並降低供應商庫存，供應商只要打開萬魔的微信群組，每款耳機銷量一清二楚；甚至，他連交易都採現金付款，創業三年多來不曾開過一張支票，替供應商降低財務風險。

這是風險與利益共存的思考。

謝冠宏坦承，起初內部也曾質疑，萬一供應商掌握萬魔機密、洩露給對手怎麼辦？但他認為，唯有先相信供應商，把他們當夥伴，而非上對下的關係，正向循環才會由此展開。甚至，有時萬魔還會金援供應商，協助其提升技術力。

例如，萬魔和生產動鐵單元（編按：耳機內部一種發聲元件）的常州阿木奇聲學合作，由阿木奇提供技術，萬魔則負責建立整套品管和生產體系、提升產品良率。合作兩年多來，阿木奇也從一家每天產能兩、三千顆喇叭的小工廠，搖身一變成為每天產能破萬顆的大廠。

萬魔出力，供應商自然更願意貢獻技術和產能。到了二〇一七年初，萬魔旗下核心供應商已從一開始的五、六家，成長到快四十家。

五十一歲還能從代工轉品牌，謝冠宏的最關鍵心法在於：過程中，選擇不要做什麼，比要做什麼還重要。他既然選擇要做品牌，就要換掉代工腦袋。既然要換掉代工腦，就得放棄過去管理員工的邏輯。

取消KPI，獲利反而更寬廣

創業初期，中午休息時間，設計師只要不在公司，就會接到謝冠宏的電話，劈頭問：「東西交出來了沒？」晚上七點半下班，還會罵：「怎麼人都走光了？」每天站在員工後面盯進度、反覆確認每張設計圖的細節……。

現在，他卻放手，還越放越寬，最後甚至取消繁瑣的KPI。在萬魔內部，每個部門都只有一個共同的KPI：「成為最多好評的耳機品牌」。

代工廠出身、被KPI管大的他，竟願意拿掉營收與獲利的評估指標。他坦承，自己追求營收追了半輩子，直到出來創業才意識到，什麼是做生意的本質：賺不賺錢只是結果，不是原因，原因不在這裡，本質是讓客戶感動。

例如，有次某位網友在微博上反映，他把耳機放在口袋裡，結果被洗衣機洗壞了，當時他們也可以認為是客戶自己的問題，但後來他們公司的文化是，客戶講的就是值得參考，因此後來他們所有耳機出廠前都要洗、烘乾三遍才可以出廠。

二〇一三年起，謝冠宏的創業之路看起來更開闊了。萬魔光一款與小米合作推出的活塞耳機，兩年就創下逾千萬的銷量，至今仍是中國最暢銷的耳機。

▼一點就通

- 打破品牌與代工，供應商與客戶之間的零和關係，重新找出共好的夥伴路徑，就有機會啟動正向循環。
- 選擇創業，就要換掉做員工的腦袋；選擇做品牌，就要換掉代工腦袋。
- 讓客戶感動，要不賺錢也難。

41

槓桿商品價值

好萊塢最賺錢片商，漫威不賣大咖賣智慧財

成立於一九三九年的漫威漫畫，儼然成為好萊塢的巨型印鈔機。漫威出品的總營收，自二〇一三年起，占迪士尼電影部門收入約四四%，勝過旗下子公司皮克斯和迪士尼其他電影收入。

漫威的獨特優勢，是由漫畫出版商轉型衍生的漫威影業，已經累積近八千個英雄角色，而且本業的漫畫一個月或兩週就出一本，一個角色的進展，就足夠電影拍兩到四集。因此，相較於其他好萊塢片商頂多一年推一部片，漫威僅需花一半的時間就能推出新電影，還能規畫具有未來性的二〇二八年未來拍片藍圖。

但真正能獲利的秘密之一，是漫威從小漫畫商出發，沒有組織包袱，僅有六人決策小組，總部僅留創意主腦，所有製作環節都委外。因此可以找市場上最好，以及最便宜的人才。加上漫威大量使用低成本演員，並且簽下幾乎可說是賣身契的長約，以演出美國隊長角色的克里斯．伊凡（Chris Evans）為例，就是簽下六部合約，且限制其在同類型電影演出。

強大的吸金本事，讓漫威從前製拍攝到後製製作的委外過程，都跟比稿大賽一樣強勢，

能夠以低成本找來非一線導演。以去年創下全球七億七千萬美元票房，投報率超過三五〇%的《星際異攻隊》為例，漫威找來的導演詹姆斯．剛（James Gunn），至今只拍過幾部小成本電影；執導《美國隊長2》的導演羅素兄弟，過去拍的多是評價不佳的浪漫愛情與犯罪喜劇，但漫威可藉此壓低製作成本。

從小組織擊敗大片商的槓桿策略

他們是市場新兵，反而善用小組織的優點，擊敗其他五大片商的龐大組織，讓獲利極大化。在商業策略布建上，漫威減低大製作成本帶來的賭局風險；另方面，靠著「C咖聯軍」控管成本，打破好萊塢大片由明星操控成本的局勢。

二〇〇八年推出的《鋼鐵人》，漫威大膽使用因毒品勒戒事件影響形象，在當時演藝事業僅限於小螢幕影集演出的小勞勃．道尼（Robert Downey Jr.）出任男主角。相較於今日一集四千萬美元身價，當時他在大銀幕演出價碼不過五十萬美元，相差七十九倍。

漫威敢用他，而且一簽就是六年，不只是因為便宜。他們不怕影響形象，因為漫威深知，他們要行銷的是英雄形象，要賣的是周邊產品，而不是明星本身。對比湯姆．克魯斯拍攝的《不可能的任務》系列電影，明星是標準招牌，光片酬可能就占製作預算的七成，電影製作公司要聽明星的，但漫威反過來，要明星聽他們的。

《哈佛商業評論》作者拉弗爾（Nicholas Lovell）點出，其中關鍵在於「每個 icon（角色）都是品牌，誰來演都可以」。就算明星辭演，漫威影業也不怕，因為戴上面具，人人都能是鋼鐵人。

因為漫威深知他們要賣的是「英雄」不是「好萊塢明星」，顛覆了過去好萊塢行銷電影的模式，因此你會聽到觀眾說：要看「鋼鐵人」、「美國隊長」，而不是小勞勃・道尼、克里斯・依凡。在漫威的想法裡，沒有不可取代的演員，只有不可取代的英雄。

一點就通

- 隨著智慧財產（intellectual property，簡稱IP）的價值與獲利能力受到重視，只要品牌成功，就可能槓桿出無限大商機。

42

善用弱者優勢

繩索理論：資源越少，越能激發潛能

波士頓啤酒從美國最小的釀酒業者開始，一路堅守源自德國純釀法的家傳配方，使其品牌「山姆亞當斯」（Samuel Adams）最後壯大為美國數一數二的精釀業者。創辦人庫克（Jim Koch）將品牌以美國開國元勳山姆．亞當斯為名：這位身兼釀酒人的革命家鼓動波士頓市民反抗英國占領，暗示著庫克想「把外國啤酒丟掉」。

對庫克而言，最大的勳章是成功掀起精釀啤酒革命，「你可以改變全世界，但不用征服全世界」。一九八四年草創時，美國約有十二家小型酒廠，短短六年後家數成長二十倍，連百威、美樂等大型釀酒廠也相繼推出精釀品牌。美國釀酒商協會統計，全美前五十大啤酒商，已有八成是做精釀啤酒。

草創初期，庫克只有二十五萬美元（約合新台幣七百五十萬元）的種子資金，必須把錢花在刀口上。他先租用一家釀酒廠的閒置時段，而不是砸錢在與釀酒無關的租用辦公室、買電腦等不必要的開銷上。他和夥伴此時只專注兩件事：努力釀造出色的啤酒，上門去推銷。

雖然沒有比基尼辣妹，更別提龐大的廣告預算、贊助協議，但他們做了大廠做不來的事：實地走訪、大量傾聽每家客戶，讓山姆亞當斯順利站穩腳步。

庫克曾在外展協會（Outward Bound）的戶外課程擔任指導員，負責分發高山繩的經驗，讓他體悟到，基本生存所需的資源其實沒有我們以為的那麼多。高山繩在野外可以搭帳棚、掛食物，但假如一開始就發一大堆繩索，學員將草率對待這項必備資源，在二十八天課程結束前就用罄。反之，如果一開始只發給少於通常需要的量，學員將格外謹慎，甚至想出盡量減少繩索用量的點子，使得課程結束時還有剩。

換言之，資源稀有時，反而用得更有效率，這就是弱者的優勢。

庫克分享這個「繩索理論」的真諦：「文化、熱情及精力，是金錢和資源有效的代替品。大公司有大量資金和資源，但常常缺乏文化、熱情及精力。如果你有精力、熱情和文化，沒有足夠資源也沒關係。」

一點就通

- 基本生存所需的資源，其實沒有人們以為的那麼多；資源稀有時，反而能用得更有效率。
- 面對資源有限時，發揮弱者的優勢，排除無法前進的藉口。

43

有錢大家賺

打破框架，珂珂瑪讓街機店賺通路錢

投資一間夾娃娃機專門店，成本僅約一百萬元，約一年就能快速回本，還幾乎不用人管理，這是二〇一七年兩岸街機熱潮中的一大亮點，也正因如此，在兩岸都掀起瘋狂的娃娃機專門店創業潮。

但在二〇一四年之前，在台灣想找人教你開一間娃娃機店，如果非親非故，一點機會都沒有，因為就算全台娃娃機玩家萎縮到只剩總人口數約二%以下，乏人問津的娃娃機專門店也跌破一千店規模，許多業者仍視娃娃機專門店的經營，是產業間有共識的不外傳秘密，業者多數抱持著不在乎產業沒落，只想「恬恬賺，能賺多少是多少」的消極心態。

在台灣商用電子遊戲機產業協會理事長蔡其明口中，用新模式打破產業僵局、帶動全台娃娃機店創業潮的關鍵人物，珂珂瑪（Cocomen）執行長洪豐洲，卻在短短三年間，就發展出全台最大、旗下娃娃機專門店高達三百五十家的規模。

洪豐洲的娃娃機店，紅到吸引同業組團搭遊覽車來觀摩。包括中華民國自動販賣機公會、全國聯合會等全台業者，約七、八十人搭遊覽車前往考察。不僅同業，連律師、會計

師、退休老師等也都找上他，希望了解如何投資開店。

不吝教人經營，轉變獲利模式

洪豐洲的經營形態能成功，快速展店的最重要原因是，他都是先教再做。洪豐洲認為，夾娃娃是一種遊戲，如果消費者不懂遊戲規則就不會想玩，所以他願意花時間教會更多人玩，才能把餅做大、產業才有機會成長。

基於這個想法，洪豐洲發展出類似格子趣的娃娃機店經營模式。也就是讓玩家變老闆，先免費培訓玩家，然後大量開放店內機台提供出租，之後想加盟的玩家可以付費實戰體驗經營樂趣，視地點的好壞，一台娃娃機的承租費用，每月約三千元到一萬元不等。假設每家店平均有三十台娃娃機，他會把其中二十五台開放玩家付費做經營體驗，讓客人帶客人，也免費輔導加盟，只留五台做為母公司收益與固定管銷費用。

問題是，花時間教新人經營，等於為自己增加對手，甚至還有「把業界秘密都公開了，誰還想玩夾娃娃機」的潛在問題，因此，所有業者都覺得這是絕不可能成功的模式，沒人看好他。

但洪豐洲堅持想法，傾囊相授，告訴別人經營訣竅，如：怎麼改變娃娃機的電壓來影響抓力、方形光滑的包裝會讓施力點更難掌握、適度在贈品內增加重量以增加夾取難度，這些都是過去大家秘而不傳的機密，如今他卻公開讓新手經營者快速上手。

不過由於洪豐洲是以落實保證取物的零售概念在開店，因此更重要的是銷貨速度。所以包含底部放置大彈珠、方便消費者落爪等展現誠意的方式，才能確保消費者願意上門。

雖然他將機台出租，讓出收益，但藉此培養更多經營人才，並透過社群挖出更多想要加盟開店的新夥伴，在更短的時間串聯出更大的零售通路。

營造出同業增加卻良性循環的環境

原本同業擔心太多新手加入，會造成產業環境變差，結果同業的擔心不僅沒出現，反而形成良性循環：一來不同玩家進來體驗，帶進不同族群的朋友上店接觸娃娃機；二來由於新手上場經營，實戰經驗不足，玩家的夾取難度降低，反讓新玩家有成就感。

三來，洪豐洲說，早期他就做過倒店貨的整批切貨生意，有一次因此發現價值不菲的藍牙小喇叭，成為自家通路上的熱賣商品。這些資源都會提供給加盟玩家，只要善用資源，甚至能節省約三成進貨成本，大幅降低新手經營風險。他還進一步培訓有心經營的玩家開加盟店，目標是「發展出不輸超商的無人店通路網」。

珂珂瑪就這樣發展成七十家直營店、八十家加盟店，並與兩百家同業結盟的規模。帶動同業跟進後，全台夾娃娃機店數快速增長到突破三千家。洪豐洲推估，現在全台玩家數占總人口比率應已達一成，這樣的成績，讓原本不看好他的朋友都改口說：「這個新模式很有參考性。」

然而，洪豐洲並沒有停下進化腳步，他又想出另一個新經營模式，打算串聯夾娃娃機店、在地店家與當地居民，形成由夾娃娃機帶動的在地生活消費圈。

他的構想是，開發一個手機 App，玩家註冊成會員後，每天可用手機解鎖免費玩夾娃娃機三次，如果找不到機台，還會地圖導航帶消費者去玩，夾到的小白球經過機器掃描後，會送出周邊店家如飲料、餐點等的消費優惠券，或是集滿就能回店領獎的拼圖或號碼，以及能讓背包升級擴充裝更多優惠的經驗值。

這個點子，不只是創意獨具的虛實整合，更吸引多達兩百家同業帶槍投靠，主動加入珂瑪體系。洪豐洲因此湊足五千萬元銀彈，準備大肆採購贈品來吸引消費者，也因此拚出全台最大連鎖娃娃機店王的市場地位。

一點就通

- 往對的地方做，不藏私，反而能越做越大。
- 改變自己的定位，即使更多人加入市場也不怕競爭。

44

長線思維
找出讓客戶一再上門的營運模式

日本社區設計師山崎亮，輔導超過兩百個社區，也曾參與規畫日本瀨戶內國際藝術祭。瀨戶內海的家島列島是由四十餘個島嶼組成，真正居住者只有八千多人，每三年舉辦一次的藝術祭，卻能吸引一百萬人參訪，創造一百三十多億日圓（約合新台幣三十五億元）的經濟效益。

山崎亮說，家島列島從漁業、砂石業沒落之後，就跟台灣鄉村一樣，呈現老化、空城。因為附近有日本第一座被認定為世界遺產的古城，加上史學家曾以「家島十景」創作文學作品，居民第一直覺，都是要用十景配古城，發展觀光業。

但山崎亮進入社區之後發現，如果每一個島，或者日本任何鄰近古城的社區都採用如此邏輯，即使雪景、海景、古城等行程容易對外界溝通、容易接團體遊客，但來了一次，可能就不會再來了。

「我們要一個一百萬人來一次的島，還是一萬人來一百次的島？」他問。

找到別的地方沒有的特色，抓到利基市場、獨特的社群，即使一萬人是一百萬人的一小部分，但因為合胃口，他們會一來再來。

以家島為例，最後他們找出的旅遊重點並不是十景，而是透過一連串的活動、明信片索取後，由外地人的反應，發掘當地最吸引人的是「人情」。例如街上免費可坐的家具、門口可索取的飲料，放上明信片之後，反而是遊人最想帶走的風景。

為了進一步凸顯人情味，山崎亮說服社區居民打開家門，讓遊客住進去。而這絕非一朝一夕就能達到，至少要三年以上才有成效。

鄉村經營需要時間、扎根，規模與利益導向都不會成功；但根基穩固了，就會出現「小而充實」的人口組成，並且「三個人，做三十年的生意」。用山崎亮的語言，就是「用世界的典範，看在地的價值」。

一點就通

- 行銷在地觀光或文化資產，需要透過轉化，讓經濟價值浮現。
- 從自己的事業中，找出能吸引顧客一再上門的價值，透過回頭客、回購率，創造事業長期經營的機會。

45

認清服務的核心
彩生活物業公司，成為社區生活的大平台

走進深圳寶安區，一坪約新台幣七十萬元的二十層住宅，當過去三年深圳房價漲了五成，這棟大樓的管理費卻每坪收不到新台幣四十元，十年沒漲。

驚人的是，管理這棟大樓的物業公司——彩生活，二〇一六年淨利率達一七%，是同行的兩倍，更是中國管理面積最大、獲利率最高的物業上市公司。

當同業面臨人工成本上漲，管理費卻難以上漲的窘境時，彩生活服務集團執行長唐學斌卻用 Uber 思維，在短短十五年間歷經兩次轉型，從「苦逼」（指很困苦）的產業挖出金礦，把彩生活由傳統物業公司轉變為平台企業。

打開彩生活的 App，住戶可以繳管理費、叫維修工，還可以買黃金、買基金、房屋裝修、家政、洗衣、學童課後教育等社區服務，一應俱全。這些加值服務，已占彩生活收入的一四%，毛利率超過八成以上。

服務的是「人」，而不是「物業」

回顧這趟轉型之旅，操盤人唐學斌最深刻的體悟，並且不斷告訴員工的是，大家得搞清楚，自己服務的是「人」，而不是「物業」。出發點改變了，結局就天壤之別。

唐學斌動念轉型的靈感，來自社區裡最不起眼的電梯。

一九九八年，有天E時代傳媒找上唐學斌，希望在電梯播放廣告，他才驚覺，一棟大樓的電梯，只要放上廣告，整個月什麼都沒做，一年廣告收入就有人民幣一百多萬元。當時彩生活一年才賺人民幣一千萬利潤，若什麼都沒做就能賺一百多萬，當然再好不過。

他突然領悟「物業管理很苦逼、很累，但其實手上是管理很大的資源：房子、停車場，甚至是家庭」。自己根本是坐在金礦上，若可以挖掘出家庭的需求，就能把金礦挖出來。

打造網路平台，銷售生活用品

唐學斌一轉念，決定開始在社區賣米賣水，並鼓勵員工親自送貨給住戶，按單抽成。這些看似與物業管理無關的服務，在同業眼裡都是不務正業，讓他備受嘲笑。

甚至，他也遭遇過去未有的挑戰：客戶抱怨。

深圳人早上習慣喝牛奶，彩生活就跟牛奶公司合作，低價進貨，再以比超市便宜的價格送到牛奶訂戶手上，大受住戶歡迎，但是，當配送數量變上萬住戶時，馬上變成大問題。原來，牛奶品項高達二十多種，低脂、全脂、優酪乳等，光靠人工管理訂單，配送出錯的機率很高，投訴也大增，一件好事變成麻煩事。

為了解決訂單管理與配送問題，一九九九年，唐學斌帶領團隊親自開發網站系統，方便社區住戶在網路下訂單，也是後來帶領彩生活邁向平台之路的開始。

仿 Uber 模式，媒合報修需求與工人

當住戶習慣使用網路叫牛奶後，緊接著，唐學斌要求，所有維修需求都要可以用網路報修，例如水電、冷氣故障，用戶不用再個別打電話向社區管理員報修。

一開始，所有彩生活派駐在社區的員工都反對，因為過去天高皇帝遠，報修數量多少，是否拖延或者沒做好，總公司不會知道，但透過網路一切就會透明化。然而，唐學斌天天派人去監督進度，最後索性鐵腕停掉所有社區管理處電話，用戶有維修需求只能打客服或者網路報修。

唐學斌接著想，還有什麼辦法能再讓客戶享受更好的維修品質，而且不必漲管理費？這時，Uber 給了他靈感。他想做維修媒合生意，不再自己支付維修工成本，以控制管理費

用，另一方面，還想解決用戶對維修工最痛的點：品質跟價格無法標準化。

三年時間，唐學斌就打造出以社區為中心的最大線上維修平台、最大線上維修團隊，擁有一萬二千多名師傅，每天約一萬張訂單。原來，他之前累積了社區用戶三年的數據，所以很清楚每年大樓維修的件數，固定訂單在眼前，彩生活就依此需求先去補貼師傅，讓後者有動力使用 App 平台接單。

彩生活還將維修所有設備的材料、工時、零件、維修金額，製作細緻的「作業指導書」，推動維修標準化。例如，師傅上門幫用戶清洗抽油煙機，要遵循十二道標準流程；每次檢修完畢，還必須寫檢修報告才能領工資。而透過報告累積，可以歸納出故障原因及可能解法，幫助下一名師傅快速做出診斷、排除故障，呈現正向循環。

此外，有些維修單子太小，如換燈泡，師傅不願上門，這時E維修平台可以把各種小單集結成一張大單，把其他用戶要修馬桶等需求彙整成一單，吸引師傅接單。

住戶買基金抵管理費，創造四十億交易額

不僅如此，彩生活還打算仿造此模式，逐步打造清潔與綠化的平台，把自己變成孕育新創公司的搖籃。

這些改變在外人看來，如唐學斌自己所述，像是替自己插上一刀；但在他的眼裡，只要

是從「人」的痛點，而非「生意」的機會出發，所有改變都是理所當然，路才可能走得遠。

此外，彩生活也賣起基金，總成交金額達人民幣四十億元。原來，他們一直在想，能否幫用戶減免管理費，最後找到了基金公司。只要住戶透過彩生活買基金就可以抵免管理費，而基金公司就拿上架費來補貼彩生活。彩生活的生意越做越廣，服務內容已擴展到借貸、金融、醫療、教育等，都不是傳統物業管理公司的服務範圍。

彩生活從只能賺管理費，到開始大賺平台錢的轉型故事，讓人訝異。而其動能竟來自於：看懂生意的本質是從「人」出發。

當企業懂得把抱怨當黃金，受消費者擁抱也是理所當然！

一點就通

- 出發點改變，結局就改變！誰能對消費者接觸得最深、最廣，對其需求改變自己、提供服務，就能掌握創新、轉型的關鍵契機。

彩生活打造社區平台生態圈的 App 服務

- 社區維修：E師傅。
- 電梯維修：E電梯。
- 線上租房：E租房。
- 基金平台：彩富人生。
- 收電費與節約能源管理：E能源。
- 社區綠化服務：E綠化。

第 7 章

知識創新

機會：新知識——創業者用還沒人有的真本事打天下

以知識為基礎的創新，如科學、技術，或社會面的創新，需要的前置時間、失敗的比率、可預測性及挑戰，都遠超過其他創新。為了等待相關能力具足，前置時間甚至需要五十年。例如 VR ／ AR ／ MR（虛擬實境／擴增實境／混合實境）的技術，早在 1960 年代就開始發展，但直到近年技術更完備，受到遊戲產業、室內設計等領域的應用，才與大眾接觸，形成產業創新。

46

轉型再轉型

廣達花二十年養出雲端伺服器小金雞

第一名的光環，往往成為企業轉型時的負擔。但就在台灣多數電子業仍陷在轉型升級的焦慮時，從上個世紀末便已是全球筆電代工市占率第一的廣達電腦，卻已華麗轉身，躍上了雲端。

廣達旗下銷售資料中心軟硬體解決方案的自有品牌——雲達科技（Quanta Cloud Technology），已經以「QCT」這個品牌，成為資料中心晶片霸主英特爾的伺服器合作夥伴。在資料中心領域，廣達的對手已不再是緯創、英業達等代工廠，而是聯想、戴爾等國際品牌。

一頭營收近兆元的巨象，廣達竟從樣少量多，「毛三到四」的筆電，走到少量多樣，毛利率平均有九％的伺服器領域。

事實上，大約二十年前，廣達正攀上筆電代工頂峰時，董事長林百里便已不滿於現狀，看好未來網路普及，高毛利的伺服器將成為電腦產業的重要戰場，因此展開布局。

但廣達真正在資料中心立足的第一步，卻是二〇〇四年，廣達資深副總經理暨雲達總經理楊晴華接掌該事業單位後，推著廣達走出一條高難度的差異化道路。

水平整合產業要素，墊高競爭門檻

當時，資料中心產業內的廠商，只能做好資料中心三要素：「伺服器、存儲、網路交換器」的其中一項。楊晴華為了墊高競爭力，決定水平整合，自主研發這三項產品，提供客戶一站購足服務。

這個做法使廣達形成差異化、建立起競爭門檻，廣達也因此領先同業，跳過惠普、戴爾等品牌廠，直接替Google、臉書等巨頭代工，開拓出較高毛利的「白牌伺服器」市場。

過程中除了必須在研發下倍數的功夫，更重要的，是得從單點、片段的思考，進化成面面觀的思維。得站在客戶立場，自行規畫完整的架構。此外，組織內更得加入代工時期從來沒有的角色。例如由資深工程師轉任，能自行開出產品規格的架構師；掌握客戶與供應鏈技術藍圖的產品經理；就連業務能力都得升級，不再只是跟品牌窗口維繫關係，而得說故事、畫願景。

白牌伺服器領域做到最大後，廣達於二〇一二年再次跨出舒適圈，進軍軟體，以子公司雲達科技推自有品牌QCT，提供軟硬整合的解決方案。

勇於轉型，由上層身先士卒打破慣性

一個做硬體代工二十四年的公司，要跨足軟體，且發展自有品牌，就像一個人到了中年要開創第二人生一樣困難。因為過去成功的因素，往往是未來失敗的主因，為了不讓廣達的硬體文化壓過軟體，楊晴華將軟體人才放在獨立的子公司雲達，並在廣達的「硬體腦」遇上雲達的「軟體腦」磨合上，特別費心。

為此，楊晴華親自跳下來搭橋，每週召開不只一次會議，讓硬體與軟體部門面對面溝通，親自擺平雙方矛盾，持續超過一年。重點是讓雙方理解，彼此的利益一致，合作才能讓大家過得更好。

基層的磨合之外，更難的是，這群硬體代工出身的經營者與高階主管，必須打破自己的慣性思維。楊晴華開玩笑說，這就像成立一個新興教派，重點是身先士卒，再由上而下不斷洗腦。

二〇一一年，林百里便請了管理顧問替主管上課，持續約一個月的工作坊，每週讓大家針對各種雲端議題討論，讓同仁知道自己有機會跳脫代工。工作坊結束後，林百里與廣達副董事長梁次震更親自督軍，每個月與楊晴華共同主持會議，充分展現轉型決心。

沒有戲劇化的V型反轉，也沒有起死回生的故事，廣達今日在資料中心領域的成績，是二十年來一趟不斷改變自我定位的旅程。然而，建立自有品牌的腳步還沒歇下，楊晴華已經望向5G與人工智慧的資料中心大時代，要再度啟程。

一點就通

- 想透過內部創業，必須徹頭徹尾扭轉過去的經驗和思維，並下定決心，由上而下全力推動。
- 進入物聯網時代，要想切入某個領域當要角，必須以生態系的全面性策略思考，找出最適舞台，並建立新的知識和能力，才能創造自己的新價值和優勢。

47

C2B模式

車聯網小兵，以客製化實力賺取高毛利

威潤科技是台灣車用衛星定位監控器（GPS Tracker）營收規模最大的公司，其產品和一般人熟知的衛星定位導航機不同，最大差別在於多了無線通訊功能，不只能定位，還能讀取行車資訊。行車資訊透過通訊模組回傳到後台解讀，適用於車隊追蹤管理、物品監控等，是車聯網最新應用。

舉例來說，有了監控器，駕駛是否經常超速、猛踩油門或急煞車、急轉彎等，全都能記錄下來，還能知道油料有沒有異常減少，防範駕駛偷油；透過溫度監控，當冷凍物流車溫度異常時，也可第一時間響起警報，提醒駕駛即時處理；甚至運鈔車裝上監控器，還能指定特定地點才能打開金庫，離開就會自動上鎖。因此，物流業者等商用車為威潤最大客戶。

威潤創業時，全球龍頭 CalAmp 已推出相關產品約五年，台灣也有七、八家業者投入，但規模都不大，代表市場還很新，仍有拓展空間。

威潤董事長湯潤潤曾在宏碁、華邦電子等公司任職，五年前受過去同事、現任威潤技術長吳柏慶邀約，看好對方在工業電腦通訊領域近二十年的經驗與眼光，決心共同投入新領域

創業。

要讓車子說話並不容易，時速、位置、耗油量、引擎壓縮、車門開關等行車時的各種資訊，都得先讓監控器「聽到」，才能把行車資訊「說」給後台知道，這是第一個難關。

技術的突破，讓威潤成了亞洲第一家同時取得美國電信商 AT&T 與 Verizon 認證的衛星定位監控廠，有機會率先切入全球最大的美國市場。

不僅技術，滿足顧客需求更考驗能力

第二個難關在於，光讓車子說話還不夠，隨不同客戶需求，要讓汽車說的話也不同，也就是客製化。身為後進者的威潤，不像先行者有挑訂單的本錢與資源，唯有對各種客製化訂單來者不拒，持續投入金錢與時間挑戰，才有贏的機會。

他們最小甚至連十、二十個訂單也接。例如，加拿大冬季須派剷雪撒鹽車清除道路積雪，對於鹽、水的噴灑量與比率，須監控以達最佳效率。威潤為了符合客戶需求，甚至去整合全球五大剷雪車撒鹽控制器通訊協議，並讓產品能在零下四十度的環境運作。

這類特用車都不是大訂單，所以是一般廠商嫌量小且技術複雜、不願承接的苦差事。勇於挑戰客製化訂單，讓威潤創業第一年營收一千六百萬元，卻虧掉近一千四百萬元、超過半個資本額。

即使如此，迫於後進者的現實，湯潤澗仍堅持挑戰難度更高的客製化訂單。

沒想到透過一次次練兵，威潤的技術更純熟，第二年彌補虧損，至今共累積超過一千次客製化服務，甚至建置出高達數十億種行車情境應用組合的資料庫，供客戶挑選。當同業需要三到五天，甚至數月做到客製化，威潤最短在一小時內就能修改完成，成了客製化的秘密武器，開始享受客單價平均比龍頭高一五％、比中國同業高逾一倍的高毛利率，連豐田汽車、美國前三大快遞業者都主動上門談合作。

▼一點就通

- 創業夢想可以遠大，但行遠必自邇；從小做起，磨技術、磨服務，練好功夫，才能累積一飛沖天的本錢。
- 純製造業將沒落，C2B的客製化模式已成商業趨勢，培養客製化能力才能搶占最後一哩路。
- 切入市場的時機落後，不代表成績注定落後。勇於挑戰別人不願做的，藉客製化墊高門檻，哪怕營收規模無法快速擴大，仍能替自己創造高獲利率，後來居上。

48

開放帶來創新

向外部找幫手，淘金更省力

加拿大黃金公司（Goldcorp Inc.）是家小型礦業，明明確知自家擁有的五萬五千畝土地礦藏豐富，但用盡傳統探勘方法就是找不到黃金，而其他礦脈又已枯竭，使公司在二〇〇〇年面臨財務危機。

來自華爾街的執行長麥克伊溫（Rob McEwen）出險招，在網路上公布公司累積五十年珍貴的地質資料，懸賞五十七萬五千美元（約合新台幣一千六百六十二萬元）以尋求最好的開採方法。

這種違反保密原則的做法，在那個行業是危險而不合理的，很可能會給競爭對手可乘之機，讓別人得知策略動向跟商業機密，甚至循著該公司的礦脈開採黃金。

但不到幾週，來自其他行業，包括數學家、管理顧問、統計學家及工程師等五十國一千多人，提出各式各樣另類的想法，當中有很多是傳統業者想都沒想過的。

結果，公司藉由這樣的集體智慧，發現了一百一十個新的探勘地點，其中八成蘊藏豐富。加拿大黃金公司找到了價值六十億美元的黃金，報酬率高達一萬倍，也讓公司從困境中脫身，十年內變成全球市值第二大的黃金礦業。

寶僑要求一半創新須來自外部

寶僑（Procter & Gamble）曾提出「連結與開發」（Connect +Develop）專案，規定內部研發人員不得超過七千五百名，同時撥出資源建立與外部專業合作的創新平台，並規定五成的創新來自內部，另外一半則必須來自外部。

這個做法讓寶僑的研發成功率倍增，研發生產率提高約六〇%。

舉例而言，二〇〇二年，寶僑打算推出在洋芋片上標示圖案與文字的新品項，不同於仰賴內部研發的傳統做法，寶僑透過既有網路發布尋求實行這個計畫方案的消息，並成功連結到義大利的一家烘焙坊，業主是研究運用可食用噴墨技術於糕點製造的大學教授。

因此，寶僑省去了自行開發可食用噴墨技術的冗長研發過程、分攤並大幅降低研發的風險與經費，在更短的時間內成功推出新產品；這個新款洋芋片，也在短短兩年內為寶僑北美洋芋片事業贏得兩倍數的成長率。

一點就通

- 內部資源有限，導入外部資源就有機會挖掘源源不絕的創新方法。
- 想要嘗試外部創新，不妨從小規模的先導專案嘗試起。

利用外部創新的三大前提

台大企管名師湯明哲教授指出，聰明的企業想要利用外部創新，有三大前提：

一、能夠辨認自己在內部創新上的瓶頸是什麼？開放式創新是突破的方法。

二、如果企業經濟規模不夠，可試著利用開放式創新。

舉例來說，公司想要發展十種技術，其中八種可以靠自己的研發團隊找到答案，其他兩種很可能需要跨領域專業，或花很多資源也找不到答案，但如果借用開放式創新，結果可能會大不相同。

三、管理外部創新資源，需要一套完整制度：企業仍然需要在內部建立能鼓勵創新，也能將創新成果成功商業化的管理流程。

49

以技術突破傳統困境
運用大數據徵信，WeLab 成中國最大P2P借貸網

憑著「在網路上借錢給大學生」的概念，竟然能夠得到亞洲富豪李嘉誠、馬來西亞國家主權基金，與荷蘭最大金融集團ＩＮＧ等的青睞，獲得人民幣十億元的投資。

這家公司叫「我來貸」（WeLab），一個直白到近乎市井的名字。二〇一三年在香港成立，短短三年已有超過二百五十萬活躍用戶，申請貸款金額逾人民幣一百億元。這個數字，比成立十二年、英國最大網路借貸公司 Zopa 還要高。

二〇一五年堪稱中國互聯網金融災難性的一年，因為經濟成長趨緩，銀行不良貸款率飆升，壞帳連連爆發。根據官方統計，當年度全中國逾三千六百家Ｐ２Ｐ（peer-to-peer，點對點）網路借貸公司中，有一千多家倒閉，平均每天倒掉三家，爆雷率高達三分之一，呆帳金額高達人民幣一百五十億元。

然而，WeLab 不僅沒有掃到颱風尾，業務量反而逆勢增長，還吸引了政府基金、大型銀行等投資者搶著入股，創下中國互聯網金融新創公司Ｂ輪融資的新高紀錄。

金融業出身，用科技突破傳統銀行困境

有趣的是，WeLab 雖然在香港成立，做中國市場的生意，卻是靠台灣經驗成為現在被《富比世》雜誌評估為市值上看十億美元的 FinTech（金融科技）公司。

WeLab 創辦人暨執行長龍沛智雖是香港人，但曾任台灣花旗信用卡行銷主管，隸屬花旗銀行董事長管國霖麾下。於二〇〇六年，在台灣帶領團隊經歷卡債風暴與金融海嘯，WeLab 中國區總經理陳俊仁是道地台灣人，歷任ＶＩＳＡ大中華區暨台灣區總經理、中信銀支付金融處長。

這兩人，都不是矽谷理工背景的小夥子，而是台灣銀行界外商、本土兩大信用卡龍頭的高階主管。他們在台灣信用卡市場的經驗，深知傳統金融的商品設計與缺陷所在，以此為根柢，再想辦法用網路科技解決，與一般 FinTech 新創公司從科技切入金融完全不同。WeLab 能獲得主權基金的青睞，更在於其銀行背景、選擇與銀行合作，解決銀行解決不了的問題，而走出不同於一般主流 FinTech 公司想要取代銀行的思維。

龍沛智解釋，每個人進入社會上班，都會開設銀行帳戶，銀行已經擁有上千萬人的客戶資料，「要跟銀行搶客戶，基本上是難如登天」。因此，WeLab 不跟銀行搶客戶，將客戶鎖定於一般銀行接觸不到、沒有信用資料的大學生。這群客層沒有薪資紀錄，在聯徵中心沒有

信用資料，基本上是銀行接觸不到，也不敢放款的人。

大數據算信評，一天內就能放款

「借貸最困難的地方，就是十個人坐在你面前，裡面有好人，也有壞人，但你不知道誰是會還錢的人，」龍沛智說。

WeLab的能耐，就是擁有一個獨門武器：一套能用大數據模型計算出貸款者還款能力的信用評分機制。

傳統銀行做法，是要求貸款者填寫一堆書面問卷，調閱其身家背景、職業、財力證明、信用紀錄、聯徵資料等，並經過多次面談，據此判定放款與否及金額大小。不僅曠日廢時，蒐集到的資料，也未必能證明借款者的還款能力。

舉例來說，一個在士林夜市賣雞排的攤販，可能連國中都沒有畢業，從未有過正職工作，做生意都是用現金，沒有信用往來紀錄或報稅資料。即使月收入超過三十萬，擁有優良的還款能力，一般銀行還是不願意借錢給他。

P2P的興起，正是要解決這個問題。業者在網路上架設平台，把有錢的人與缺錢的人抓在一起，雖然省去銀行繁複的手續，也能觸及更多族群，徵信流程卻如同民間借款般粗糙。有的平台只要求上傳照片、資料，卻無法驗證借貸者的真實性，更多是連擔保都不做，要求雙方風險自負，因此造成整體弊端叢生，甚至讓Ｐ２Ｐ金融淪為洗錢、非法吸金的代名詞。中國二〇一五年的倒閉潮正反映了這個狀況。

WeLab剛好能彌補這兩種方式的缺陷，它不需要調閱一堆聯徵紀錄，借貸者只要花三分鐘填完基本資料，最慢一天內就能完成審核，即時提領現金。關鍵，就在它取得的資料。借貸者下載App的同時，必須同意授權程式抓取手機內部各種資料，例如通訊錄、簡訊內容、社交網站訊息紀錄等。

用通訊錄、簡訊判斷還款力

陳俊仁解釋，該公司研發的程式，會自動交叉比對資料相互間的真實性，最後算出一個信用評等分數，做為放款與否及金額大小的判斷依據。

WeLab還能從手機裡的通話紀錄、簡訊內容，分析出借貸者的信用評等。例如，手機中如果經常接到ＤＶＤ出租店的電話、電話費催繳等簡訊，分數當然不可能高；反之，若從無相關訊息，代表這個人借東西都會準時歸還、費用會準時繳，就表示信用良好。透過這種用程式解讀大量非結構化數據的方式，WeLab大幅降低了借貸風險。

龍沛智表示，WeLab不僅至今尚未出現被詐欺的案件，呆帳率低到僅〇．五%，比一般銀行的一%至二%好上許多。

之所以能有這種準確度，是龍沛智與其團隊花了一年時間，分析兩億多筆大數據的結果。他們把借錢這件事，拆解成許多細小環節，一個個用數據去對應、定義、分析，這是一般銀行做不到的。

相較於一般 FinTech 業者想要取代銀行，WeLab 反而與銀行合作，從銀行端取得資金來源，再放款給大學生與社會新鮮人等沒有聯徵紀錄的族群，等於幫銀行開拓新客源，包含ＩＮＧ、北京郵儲銀行等都是他們的合作夥伴。

目前 WeLab 最高貸款額度是人民幣兩萬元，期限最長為一年，鎖定長尾後面的小額，但大量的那一端，不跟銀行搶企業或大客戶的生意。WeLab 完全顛覆傳統的風險評估方式，相當於進行一場金融革命，而且也確實做到了銀行業者多年來所做不到的事。

在風控領域深耕二十年的勤業眾信風險諮詢總經理萬幼筠觀察，WeLab 走的是像螞蟻金服、微眾銀行那樣小額大量的路線。雖然無法確認其大數據計算模型，是否真的這麼厲害，但就目前的成績看來：「這幾乎是去跟銀行要錢，借給一群一定會還的人，這生意太好做了！」

當美國、英國與中國的金融科技創業蔚為風潮，台灣也正式成立金融科技辦公室，相關法規陸續開放，WeLab 的成功模式或許能給台灣的金融業者不少借鏡。

一點就通

- 與其跟大者比大，不如用新技術、新方法跟既有市場的龍頭合作，解決其無法跨越的障礙，反能成為新市場的老大。

第 8 章

創業精神

企業創新雖有來自內部的四種機會（意外事件、現象不一致、流程所需、產業和市場改變），以及來自外部的三種機會（人口結構改變、觀念改變、新知識），但若要新事業成真、成功，還有賴於將想法具體實踐、不畏克服種種困難的「創業精神」。

50

找到對的位置

二十九歲台灣青年，生意遍布一百三十八國

胡晉豪，App 代工公司「週可思」（Zoaks）與比特幣跨境支付公司「Wagecan」的執行長與創辦人，年僅二十九歲，卻是將生意拓展到全球一百三十八個國家（截至二〇一六年），航行於數位經濟世界的「二十一世紀哥倫布」。

胡晉豪的 App 代工客戶，多以美國、德國為主；在愛沙尼亞註冊公司，與該國政府的「數位公民」平台合作；比特幣跨境支付業務，則與香港金融機構和國際發卡組織合作，發行簽帳卡，客戶遍及美國、英國、西班牙、香港等全球一百多個國家。

建立這番事業的胡晉豪，並非豪門後代，而是生長於高雄的普通家庭，大學與研究所皆畢業於台灣師範大學，父親擔任區公所基層公務員。

至二〇一六年，他的兩家公司營收合計破新台幣六千萬元，每年有一半時間在海外拓展業務的背後，其實是一段台灣年輕人學習將自己擺放在「對的位置」的旅程。

胡晉豪從小只對資訊科技有興趣，每天回家就自己玩遊戲，或上國外網站查詢英文資料，鑽研科技新知。到高三為止，胡晉豪的成績多半排在班級中後段。大學選擇師大資工系

就讀，他的才能終於第一次被擺到對的位置。

胡晉豪只花五年時間，就攻讀完學士與碩士學位；比起同學畢業後「22K」，或三萬元上下的起薪，他從在學期間就接案寫程式，一個月收入約五、六萬，甚至大三時就接到金額達百萬的案子。

創業後，他之所以將公司業務以歐美為重心，也是經歷一番取捨，才學會把自己擺在對的市場。

像獵人，不停在世界各地找機會

曾經，他也以台灣市場為主，替便利商店、國際飲料品牌等大企業代工App，卻因景氣低迷，以及越來越多人投入App代工，客戶開價越來越低，付款期限越拖越長。

曾經，胡晉豪也在中國移動網路竄起時與同事一同前進北京，設立辦公室，替惠氏奶粉、中國新創媒體等客戶代工手機軟體。當時，中國的案子，價格幾乎都是新台幣直接乘五倍。但五倍報酬的代價，卻是犧牲生活與尊嚴。剛好同一時期，開始有美國客戶主動透過網路接洽，委託胡晉豪的團隊代工，一段時間後他發現，自己的性格其實較適合往歐美發展。

於是他將工作重心朝向歐美，在加州設辦公室，替德國戶外音響燈光公司代工App，並主動寫信給愛沙尼亞政府洽談合作，以至於後來公司約八成業務都在海外。這是他第二次將自己擺進對的位置。

不過進到歐美，不代表從此一帆風順；在異地最難的，還是信任。跟在台灣做生意，客戶很容易查核他的名聲與信用不同，在歐美，每一個陌生的客戶、陌生的國家，都得重新建立信任關係，重新布建人際網絡，往往得加倍努力證明自己。

例如為了拓展美國市場，即使現在視訊通話非常方便，初期胡晉豪仍得在美國一趟待上好幾個星期，陪著客戶開會，即時解決問題，證明自己與團隊的實力以建立關係，讓客戶真正看到專業人士在場而能心安。

去到愛沙尼亞，又得重新適應一套跟美國完全不同的民情。從蘇聯獨立才二十五年的愛沙尼亞，官方語言並非英語，而且民情相對冷漠，或說「務實」，公事公辦毫不客套，胡晉豪不到一年就飛了超過四趟，在當地租房子、註冊公司，證明自己「玩真的」，才獲取政府單位信任，展開合作。

胡晉豪說，建立信任沒有捷徑，其實就是靠一次次會面，以及將客戶交付的任務做好、做滿，累積信用。這個過程雖然辛苦，但如果重來一次，他還是會選擇創業、選擇走遍世界，因為這是一段加速理解自己「想要什麼、不要什麼」的過程。

一點就通

- 懂得將自己放在對的位置、勇於走出舒適圈不斷嘗試，即使原有的市場飽和，也能為自己創造新的機會、新的市場。

51

贏在企圖心

台灣爆米花，成高端品牌征服十一國

一顆小小的爆米花，常被大眾當成廉價垃圾食物，星球爆米花卻做成了東南亞頂級商場的高端品牌。一小桶，在印尼百貨公司架上售價六萬七千元印尼盾，折合新台幣一百八十元，相當於當地人的半日工資。

星球爆米花猶如爆米花界的金莎巧克力，五年來，從台灣出發，打入馬來西亞、印尼、新加坡、汶萊、香港、澳門、中國、印度、澳洲等地，是第一個用「虛實整合」方式，打入最多國家的台灣零食品牌。

它能征服亞洲新興中產階級的關鍵，在於超過四十種取自各國在地美食的創新口味！攤開星球爆米花的「菜單」，有馬來西亞椰漿吐司、新加坡叻沙、韓國泡菜、四川香辣、日本抹茶、法國洋蔥湯等，各種在地的新奇配方。

星球爆米花的創辦人兼執行長李佳祐表示，他要做的，是成為世界第一的爆米花品牌，就像是台灣的麥當勞、星巴克！

從百貨到夜市，奠定「體驗」開路手法

二〇一〇年，二十九歲的李佳祐離開內湖科技園區，拿著一百五十萬元存款，及向長輩集來的資金，開始爆米花生意。

他從手機工程師變身廚師，從研究晶片變成研究玉米粒，從冷氣房踏入四十度高溫廚房，每天揮汗與油煙、調味料奮鬥，測試了二十多種玉米，才找到一款非基因改造，爆發率好的品種，但價格較高。加上手工製作，人力成本高昂，讓他必須將自己定位在高價市場。

一開始，他以為產品好，放上網路就能賣，但既無知名度，也不懂行銷，前幾個月業績慘澹，只好回熟悉的內科園區發傳單，請前同事幫忙拚團購。然而這樣畢竟太不穩定。

既然定價比別人高，就得走入頂級商場。第一家店開在信義誠品，手扶梯下方的冷門位置，卻很適合這種輕巧零食，消費者試吃後埋單，月營收達四十萬元。他才意識到，要找高端消費者，得先讓他們「體驗」才能做成生意。一抓到這個眉角，他立刻在京站、台北車站微風廣場等地快速展店。

然而，隨著名氣打開，仿冒者也一個個冒出，走上殺價競爭之路，讓他萌生往海外發展的念頭。

把全球龍頭當假想敵，小公司設海外部

李佳祐把擁有六十七年歷史、全球最知名爆米花品牌 Garrett 當成假想敵，當時全公司不到二十人，第一個國家都還沒走出去，他就把業務部門拆分成海外部與國內部，顯示挑戰世界的決心。二〇一一年，便在吉隆坡雙威金字塔廣場開出海外第一家直營店。

選擇東南亞，是因為他認為，東南亞像台灣的後院，文化落差不像歐美那麼大，而且坐飛機三、四個小時就到，啟動成本與學費不會太高。

此外，因為懷有稱霸世界的野心，讓他比別人彎腰彎得更低，夜市、團購起家，練就現實感，不敢輕忽市場的力量。

他找一對一家教強化英文能力，還自修印尼語及馬來語，盡可能貼近當地，而沒有許多台灣人對東南亞的優越感。他花了八個月，從上游原料到下游供應商及製程全部檢驗食品安全，並取得回教世界中最嚴格的清真認證，讓他手握日後進入穆斯林八成市場的印尼與阿布達比的門票。

食品安全只是基本，若要打世界杯，關鍵是在地化。

不少垂涎東協市場的台商，沒有認知這一點，以為一套功夫就能打天下，但李佳祐知道，打海外的成敗，在於團隊是否能隨時歸零，接受新的文化。因此，從產品、通路到行

銷，都得全部調整。

他的訣竅是，尋找當地人小時候的口味。每到一個國家，一定先去逛當地超市，把當地人從小吃到大的零嘴、泡麵全部買回台灣，與研發人員試吃、討論，從中獲得新口味靈感。

把零食當手機做，產品分成好幾代

手機工程師出身，李佳祐把手機製程的概念應用在爆米花上，像iPhone一樣不斷推陳出新。第一代產品很陽春地撒上調味粉，做出原味、起司等經典款，第二代抹上單層糖漿，做出焦糖、太妃糖等口味，稱之為「single coating」。

到了第三代的「double coating」難度大為提升，在糖漿上撒上獨家研發的調味粉，不只要符合在地口味，製程還得抓準比例，糖漿與粉要裹得均勻，每一顆口感必須一致。

這是讓星球爆米花在亞洲能超越Garrett的關鍵。為了開發這個製程，他前後花了七個月，消耗掉四百多公斤玉米，反覆測試上萬次，最後研發出大受東南亞市場歡迎的抹茶拿鐵口味、讓香港agnès b.主動聯名合作的法式洋蔥湯口味，以及一顆平均單價高達新台幣二到三元的松露巧克力口味。

然而，這卻讓他的成本大幅提升。一般零食原料占成本五%以上就算高，李佳祐卻拉高到三〇%。持續研發，只為了避免一、兩年就被市場淘汰。

有了對的產品，在地化第二關則是找到對的通路。

實體店供體驗，電商平台拉抬回購率

由於「東協」是一個概念，實際上各國不一，需要因地制宜，靈活採取實體、虛擬等不同的通路策略。

如馬來西亞、印尼、香港，擁有大量觀光客與商務客，消費力道強，就必須像精品般進駐頂級大型商場，讓客戶現場體驗。在台灣，李佳祐開在信義誠品、微風廣場、新光三越與Sogo；在香港，他入駐金鐘廊、中環萬宜；在印尼，他打進當地最頂級商場之一的Taman Anggrek Mall。

至於印度，因為貧富差距大，商場不若東南亞發達，就改切B2B，與航空公司、電影院、五星級飯店合作。

在澳洲、新加坡、汶萊、韓國等地，則因為實體店面租金與人力成本昂貴，非具國際規模的大品牌難以切入，但網路頻寬、物流運輸、信用支付等基礎設施完備，就以電子商務為主。顧客在官網下單，從台灣或印尼工廠出貨。

李佳祐摸索五年的心得是，實體店面是讓消費者體驗的第一站，但電子商務才是最具銷售潛力的管道。因為前者有距離與空間的限制，而網路沒有。他要讓實體店接觸到的客戶後續能在網路上完成回購，虛實相輔相成，相當於是先用「陸軍」開路，再用「空軍」轟炸的概念。

把代理商當夥伴，每晚召開雲端會議

因為要接地氣，找到對的合作夥伴極為重要。李佳祐在東南亞以授權加盟為主，部分市場如印度、澳洲因應當地法規，則以合資公司方式。

挑代理商，他有一套自己的檢視標準。不是對方捧著錢上門就開放加盟，而是要資金、人脈、團隊三者兼具。資金上，至少要備足能開三家店的本錢，避免第一家就夭折，損及品牌形象；人脈是用以打進百貨商場，獲取行銷資源；團隊則要有經營與財務經驗，懂年輕人最佳。

當別人把代理商視為搖錢樹，他卻把代理商視為合作夥伴，保證讓對方拿到的淨利潤，是當地營收二〇%以上，比市場行情高出一倍。這個目的，是要讓代理商快速創造現金流，建立信心，並在最短的時間內大舉展店，打響品牌知名度。

一般台灣的連鎖加盟業者只管收錢，極少干涉經營，他卻與加盟者合作緊密，每晚都用通訊軟體與各地市場討論行銷策略、檢視財務報表。比如，贊助韓星金秀賢的粉絲見面會、一夜之間打開市場知名度的點子，就是他與印尼代理商在雲端討論出來的。

站穩東協市場後，接下來，他把眼光放在北亞的韓國，中東的阿布達比，以及亞洲美食一級戰場的泰國。

縱使，他正透過雲端拉高亞洲各國的網購比例，但「接地氣」仍是他唯一保持競爭力的心法，他說：「一定要深入當地，才能看到機會！」

一點就通

- 不是只有在本國變成大企業，才能進軍海外市場；有時候，有了六成把握就能出手。
- 你的企圖心有多強，就能帶你走多遠。強烈的企圖心，能讓你突破一切困境，解決任何難題。
- 即使能透過網路做全球生意，但在地化的產品和接地氣的行銷手法，仍要做到位。
- 對於代理商或加盟者，若要合作成功，能否站在對方立場想是關鍵。

52

把自己變品牌

親身試用才推薦，部落客變超級團購王

他，靠自己的部落格，八年在網路上共賣出六萬五千台掃地機器人、金額達新台幣十一億元，比全台上百家經銷商還會賣。這個數字等於全台每三台掃地機，就有一台是他賣出的，亮眼成績不只讓樂金（LG）韓國總部全球行銷部長都專程來台拜訪，甚至願意授權他的通路獨家在台販售特殊規格掃地機。

他，是至今累計近四千萬瀏覽人次的「486大丈夫週記」、筆名486的部落格格主陳延昶。台灣樂金透露，二〇一四年光陳延昶就賣出LG近三千台掃地機（同期間電視購物一檔只賣出八台）、占全公司業績逾三成，包括網家（PChome）、momo購物在內，全台主要通路都知道他是何許人，連經銷商都會去看他的部落格，學習如何站在消費者立場介紹產品。

陳延昶能成為超越電視購物專家的超級團購王，和其成長背景與獨特個人風格帶來的差異化有關。

十年前，他開始寫部落格，舉凡親子、生活、購物、評測，甚至和來廟裡拜拜的婆婆媽媽聊天，都是他的文章內容，當時他以已婚爸爸生活化口吻，加上議題新鮮有趣，迅速累積

人氣。

原來，陳延昶發現伊萊克斯吸塵器能用來吸床上的塵蟎粉塵，從自身使用經驗出發挖掘新的商品功能，在同樣有需求的粉絲追隨下，甚至一小時就能賣出四百台，第一次團購就把伊萊克斯的庫存賣光，創造百貨公司望塵莫及的紀錄。

堅守原則不置入，累積七十三萬粉絲

部落格累計近三千萬的瀏覽人次和破七十三萬的臉書粉絲數（截至二〇一八年三月），是他首個成功差異化基礎；慎選產品，講真話、不接廣告文而墊高的信用與口碑，則是他能把人氣變買氣的第二個成功差異點。

陳延昶的原則是不輕易推薦好物，有幾個堅持：一、一年不超過四樣。二、每樣產品都自己掏錢買、親自使用與撰文。三、十年來從不寫收費的廣告置入文。

例如他推薦的樂金掃地機器人，是從二十個品牌、超過四十款掃地機產品中，綜合比較人工智慧、音量、穩定度等才有的結論。

和一般部落客有廠商邀稿不同，他就連一個案子動輒百萬元的現金酬勞，也一律推掉；因為他知道，大家很信任他，而信用是無價的。

第三個差異點，是發揮業務性格把服務做透徹，也讓陳延昶成功創造另一項贏過別人的高黏著度。

曾在震旦行一待十二年，有深厚業務經驗的陳延昶，也懂得挾銷售實績向原廠爭取價格、贈品或售後服務等福利，所以樂金提供他全台獨家專賣附寵物刷的灰色款掃地機，伊萊克斯則把百貨通路二〇%的管銷費回饋給他，確保他開的團購一定是最優惠價。

甚至，看到樂金既有維修通路，他也替消費者向樂金爭取，當掃地機一有問題，就能比照冰箱、電視等家電到府維修，成為全台掃地機的領先服務，對他跟LG而言都是雙贏。

不只如此，在台灣，有規模的電商平台中，陳延昶也是極少數只要消費者有任何不滿意見，都能直接透過部落格、臉書粉絲團直接聯繫上本人的網購老闆；因此，跟他合作的公司，服務一定要做得非常好，否則只要他收到抱怨，就會直接找合作公司的總經理反映，讓消費者權益獲得保障。

一點就通

- 在競爭激烈的網路平台，唯有能幫客戶解決買到劣貨的痛點、得到顧客全然的信任，並提供差異化的服務，才能得到顧客的長期眷顧。

53

打破本位思考

海爾打造創新平台，向全球人才借腦袋

中國第一大家電廠海爾集團，跟台灣多數企業一樣，是從製造業起家。海爾從賣冰箱開始，位處低毛利的紅海戰場；更曾像鴻海一般，非常相信執行力，把八萬名員工當成軍隊來管理。

但，海爾卻比所有人更早意識到，平台化轉型的必要性。二〇一五年，該公司獲得有商學界奧斯卡獎之稱的「Thinkers 50」創新理念實踐獎，是全球唯一獲獎的企業。

海爾將員工分為兩千個團隊，中階主管職位因此消失。這些團隊獨立成為「小微」，形同一家家獨立公司，若表現出色，海爾則投資入股。

海爾的策略是，減少組織層級，讓內部與市場快速連結，活化閒置資產。

海爾啟動了一個開放創新平台HOPE（Haier Open Partnership Ecosystem）。到二〇一六年，平台上已有超過三十萬註冊用戶，並與三百多家企業、機構合作，讓海爾快速借用全球最聰明的腦袋，協助內部一起解決用戶問題。

海爾開放創新平台總工程師萬新明舉例，曾有用戶提出問題：「該如何讓冰箱同時儲放

生鮮食品與乾貨，都能有一樣的保濕、保鮮效果？」HOPE旗下專家便運用大數據分析，找到匹配的技術供應方，從植物造紙技術中開發出一款特殊的保鮮膜，再向內部推薦解決方案，打造客製化產品。

歷時近三年共同開發，海爾乾濕分儲智能冰箱上市，一年賣出一百萬台，相當於一家中小型冰箱廠整年銷量。光是二〇一五年，HOPE就收到近五百項技術需求，並於二〇一七年成為獨立運作的小微企業。

化解衝突，卸下對內對外的心防

然而，衝突也隨之而來。例如，海爾要發展小微企業，讓大家直接對市場負責，就須大刀改革，但有些人才屬於執行型的管理者，要變成創業者很難。

因此，海爾建立競聘機制，要求高階主管主動參與專案應徵，工作不再由公司指派，甚至，連員工都可以選擇跟隨哪位主管，若覺得主管領導無方，還可以啟動罷免，讓競爭公開、透明，升遷也不受年資限制。

HOPE的主要訴求，是借用外界資源一起創新，但這對從事產品研發二、三十年的工程師來說，要承認自己有解決不了的問題，形同汙辱。剛開始，HOPE只能將成員派駐到海爾五大產品研發部門，連座位都重新安排在該部門裡，每天和工程師一起工作，參與各種產品會議、技術討論，甚至連中午吃飯都加入，瓦解彼此心防。

另方面，HOPE也必須展現實績，例如與美國麻省理工學院合作，開發出全球第一台不須任何電線就能正常運作的「無尾電視」，並在美國消費性電子展展出，慢慢才獲得其他部門肯定。

為了加速推動，海爾集團執行長張瑞敏還帶頭要求各研發部門主動公開技術需求，方便跟外界合作，但這等於讓研發單位把腦袋想的問題攤出來，冒著被對手知悉的風險。

即便有這麼多不確定性，海爾的腳步仍未停歇。二〇一五年，海爾已經有超過百個小微企業年營收超過人民幣億元，其中有二十四個甚至獲得外部投資，成為鼓勵員工投入內部創業的證明。

轉型關鍵，在讓既得利益者放手

很多人問張瑞敏，如果轉型失敗了怎麼辦？海爾如何讓掌權者和既得利益者願意放手？張瑞敏回答，「大家都認為必須轉型，但又感到很難轉。我個人感覺，說難也難，說簡單也很簡單。關鍵點在領導人能不能把所有權力都放棄……，海爾每個小微都有三項權力：決策權、用人權、分配權。以前這三項權力都是CEO的，現在我放棄了。一般人不可能放棄，因為這樣好像變成一個可有可無的人，大家都希望自己成為一個絕對說了算的人……。

但是，失敗者創建的是有牆的花園，很多人明明知道，建一個有圍牆的花園肯定會失敗，還是不放棄，為什麼？因為在這個花園裡，我說了算，所有的花都是我的。」

他認為，對企業來說，如果生存的必要性大於一切，那麼，沒有什麼「牆」是不能拆的，這座牆，可能是本位主義，可能是既得利益，也可能是對改變的恐懼。

海爾總部辦公大樓外牆上高掛的紅布條，上面斗大的字，表明了海爾面對轉型的核心信仰，也提醒著所有人，沒有太多時間可以猶豫觀望。

紅布條上寫著：「沒有成功的企業，只有時代的企業。」

一點就通

- 借用外界資源一起創新，而不是敝帚自珍，得到的將會比失去的更有價值。
- 當企業對生存的渴望度越高，就會更願意放棄一座「有牆的花園」，迎向無邊際的平台時代。

54

內部創業文化

台達電轉型就磨一招：幫別部門賺錢

以前，電源供應器龍頭台達電子（簡稱台達電）賣資料中心裡的電源產品，現在除了賣設備，還包辦資料中心的設計、規畫與管理等服務，若以蓋大樓為例，就像從賣材料的建材商，變成身兼建築師、包商、物業管理公司等多種角色，直接面對各行業客戶。

台達電執行長鄭安表示，他們的基本元件還是電源，只是現在做成一個系統，應用在不同產業，走出傳統的發電範疇。

而帶領台達電從設備本業轉型的，正是鄭安掌管的電源系統事業群。新業務涵蓋資料中心解決方案、網路通訊電源、可再生能源與電動車充電站四大領域，全球前三大半導體廠，歐洲、印度的電信公司，以及新加坡國際機場等都是其客戶。

●從改變ＫＰＩ改變員工思維

二〇〇八年，台達電從財報中嗅到警訊，雖然該年營收創紀錄，營業利益卻比前年下滑約三〇％。

為了挽救獲利，台達電二〇一〇年起重新盤點自己的優劣勢，決定從本業電源產品出發，整合內外部資源「打群架」，轉型成解決方案商，試圖擺脫製造業衰退的窘境。

合作說來簡單，但台達電全球員工超過八萬人，每個事業單位規模等於一家中小企業，想改變各自為政的生態，並不容易。

一開始，大家很容易因為認為「這不是我的事」而把責任推掉；因此，對那麼大間的公司來說，要合作，第一步得打破諸侯思維。

例如，台達電賣一套資料中心解決方案，其中光是設備，就包括電源供應器、不斷電系統、精密空調等，再加上負責管理機房的監控系統；而解決方案要運作，至少會牽涉到五個單位，分別屬於不同事業群。

為了使各事業群互相配合，重新制定ＫＰＩ（關鍵績效指標），是第一步。

過去，公司看重的是各單位的營業收入，自己部門產品賣得多才有獎勵；改變ＫＰＩ之後，跨部門專案、新事業表現如果沒成長，無論單位營收再高，獎金也有限；因此，唯有懂得「幫助別人成長」者才可能勝出。

此外，透過內部整合，提供客戶全套服務，則讓台達電將原有的製造業轉型服務化，試圖免於過去易被砍價的命運。

從二〇〇八年到二〇一六年，台達電營業利益成長超過八八％，獲利逐漸回穩，並持續以解決方案為主的能源管理、智慧綠生活營收，取代過去占大宗的零組件收入，試圖加快轉型步伐、提升知名度，讓更多客戶埋單，以和國際大廠競爭。

一點就通

- 台灣製造業的困境，是即便賣高端產品，一旦客戶掌握成本結構，還是難逃價格紅海；靠服務拉高競爭門檻，提高議價能力，是製造業轉型的有力途徑。

55

莫忘初衷

智遊網跳出財務迷思，回頭拚技術

一九九九年，智遊網（Expedia）從微軟拆分出來，挾當時全球最賺錢科技公司微軟的資源和人才，成為美國造訪率最高的線上旅遊平台。

智遊網靠著科技創新竄起，但在二〇〇三年，競爭對手 Priceline 卻靠商業創新，讓智遊網逐年喪失優勢。

當時，Priceline 推出自定價格專利，讓消費者輸入自己想去的城市、時間與規格，還有願意付出的價錢。如一位旅客想在某天以一百美元入住一家五星級酒店，規格開出來後，Priceline 就讓酒店業者自己決定是否接單。而此訂單一成立，消費者就要立刻付款。

Priceline 以經濟學的角度，算清楚這些航空與飯店業者接下這些訂單的邊際效益其實非常大，尤其在最後一刻，對飯店業者而言，與其讓房間空著，不如便宜賣出。靠著這樣的創新模式，Priceline 在短短六年內，市值便從智遊網的六分之一，變成智遊網的兩倍。

智遊網要扳回一城，模仿 Priceline 是不智之舉。最聰明的方法還是：回頭看自己最強、且對方難以取代的優勢是什麼。

砸重金成立實驗室，強化自身優勢

智遊網執行長霍斯勞沙希（Dara Khosrowshahi）提到，他們在經營決策上的最大反省，是「他們忘了自己科技公司的本質，過度財務導向」。

曾經，智遊網把焦點放在價格戰上，但是最終傷到自己。而當時四家線上旅遊平台中，智遊網的網站易用度最低，完成訂房所需時間最長，Priceline 的易用程度最高。明明是科技背景出身，但在一路的競爭表現中，智遊網卻最不像一家網路公司。

以產品開發時程為例，智遊網原本一年內只推出三次新產品，每次都力求完美；反觀 Priceline 旗下的訂房網 Booking.com，早已啟動快速偵錯的開發模式，同時推出兩個版本給使用者，哪個版本反應好就留下哪一個。

直到二〇一〇年，霍斯勞沙希才決定擴增科技研發投資。二〇〇五至二〇一五年間，智遊網的科技研發支出從一億一千二百萬美元增加到八億三千萬美元，足足增加六倍。這個數字是大立光全年研發支出的十倍。

智遊網還成立實驗室，研究人們的情緒。

例如，一個眼球追蹤儀的實驗顯示，當受測者打開一家旅館介紹頁面時，視線總是最先落在旅館照片上，其次才是價格。智遊網於是出了一本給旅館業者的「照片教戰守則」，幫助旅館業者能拍出最吸引使用者眼球的照片。建立實驗室的門檻在於人才跟經驗，智遊網九名研究人員，全都擁有人類臨床實驗或資訊認知學相關的博士學位，並須接受一年訓練，才能正式工作。

智遊網專注核心優勢，透過購併同類型公司與進化網路系統而持續擴大。雖然直到二〇一六年，智遊網還是沒追上 Priceline，但外資給予兩者本益比的差距卻逐漸拉近。智遊網在二〇〇九年時，本益比連十倍都不到，而 Priceline 則達到二十五倍，到了二〇一六年，智遊網已有約二十四倍的水準。

線上旅遊網站賣的是看不到的服務，資訊流的處理效率，就成為關鍵。能在最短時間內把消費者訂單拋給供應商，並即時抓取供應端的房價、庫存資訊呈現給消費者、對消費者最有利，自然更受青睞。

一點就通

- 當創新事業步入紅海競爭，別忘了回頭看看，自己最強、且對方難以取代的優勢是什麼？由此避免陷入商業陷阱，常保獨特競爭力。
- 誰能更接近消費者，又快又好地提供消費者價格外的價值，才是下一步競爭重點。

56

用「相信」扭轉挫敗

從魯蛇翻身為改變世界資金流動的創業家

他是一個被退學兩次，被一手參與創立的公司資遣，只有大學肄業的男生，林大涵。他的學經歷，完全符合台灣主流社會對魯蛇（loser，失敗者）的定義，他的故事，卻顛覆人們對魯蛇的想像。

在被前公司開除後的一年，他共同創辦的新公司「貝殼放大」，已為五十二個募資團隊提供群眾募資顧問服務，數量雖只占二〇一五年台灣群募案的十分之一，但募集金額卻占總額的六成，達到新台幣三億五千萬元。

從金馬獎得獎電影《灣生回家》、《太陽的孩子》、台灣自製火箭團隊ARRC，到在國際市場一舉取得新台幣六千萬元支持的3D印表機FLUX，都是他們的客戶。

之後，林大涵又多一個頭銜：亞洲前三十位「改變世界資金流動」的青年。這是《富比世》雜誌首次以「改變世界潛力」為標準，在全亞洲選出各領域三十位三十歲以下的創業家。

林大涵帶來最大的改變，是讓更多台灣新創團隊，快速取得資源、攻向世界。例如第一年就讓十三家台灣廠商在美國募資平台成功達標，包括雷射投影的「空氣滑鼠」、iPhone 外接的口袋相簿，都在國外平台募資新台幣數千萬元，連傳統製冰盒廠商，也募得逾千萬元。

林大涵的團隊還翻轉了產業規則，讓做火箭的交通大學教授、想成立品牌的小酪農，募資之後都有資源直接創業，甚至用募資平台找股東、尋求長期贊助。

曾叛逆、逃避、一無所有，才願意面對

從魯蛇到可能改變世界的青年，林大涵靠的，是他曾經的一無所有。

故事，從他每天打十小時網咖的高二生活開始。以PR值99（國中基測成績高於九九%考生）成績直升台北師大附中的他，高二、高三卻是每天以網咖為家的逃學少年。雙親都是老師，但他以不念書作為宣示主導權的方式。林大涵表示，那只是逃避，逃避沒想過未來的自己；他和每個高中生一樣，想過社會認可的律師、政治人物、外交官等選項，但除了漂亮的身分職業，卻不知人生的最終理想是什麼。

叛逆加上沒方向，愛面子的他以「不盲從」為理由，在蹺課中度過高中，最後考上政治大學民族系，他繼續蹺課，大二下因為成績太爛而被退學。重考進台灣大學圖資系已經二十二歲，他選擇脫離班上的生活，連續參與兩屆台大藝術季的舉辦，想從活動找回自己的存在感，但祭典式的氣氛之後，發現自己什麼也不是，跟他同年的人已開始就讀研究所，他才發現自己的青春將過，卻還在原地打轉。

一無所有的焦慮，讓他開始尋找「自己不讀書，但還是做了哪些事」。

為工作放棄學業，卻遭資遣

一次實習的機會，成了他的浮木。辦活動的過程，他被當時的雅虎奇摩公關、後來的玖禾公關創辦人周宜蔓招募，成為實習生，大小事都做、開會也跟著出席。當時，他被主管用「同事」介紹，突然覺得自己的人生好像終於趕上了一點進度。

沒多久，無名小站的創辦人林弘全，便邀請林大涵加入 FlyingV 的初始團隊，一同籌備網站的成立。

他回憶，那時感覺好像中大獎一樣，為了這個等待已久的機會，還是學生的他把自己當全職員工，急著在團隊裡證明自己的價值。他沒技術、沒學歷、不會設計，一個新手要找到位置很有難度，但他和自己約定：「沒人做過的事、沒人想做的事，就是機會」、他能做的就只有「一直做」。

足足五個月，過去碰都不碰原文書的林大涵，把所有英文群眾募資網站、新聞報導全都看過，研究各網站的契約條文；在大家對群眾募資還陌生的當時，他對遊戲規則就已研究出雛形。

FlyingV 的早期提案者、後來的鮮乳坊創辦人龔建嘉表示，當時他有如一張白紙般去找林大涵，林大涵替他設定了文案、影片、贊助者的回饋方案等，讓群眾募資目標簡單完成。創立的第一個月，他不花廣告預算就讓臉書粉絲團突破萬人，從找募資案源、剪影片、談業務，到甚至是建立實習生制度，林大涵把 FlyingV 的存在視為自己的存在。

即使在第一批核心團隊因與林弘全理念不合而離開，林大涵仍沉浸在開路的刺激感，正逢第三十個募資案得到超過三百五十萬元的支持，讓他相信這條路能走下去，更相信自己能完成夢想。

兩年間，他的最高紀錄是手上同時進行十個以上的募資案，從紀錄片《看見台灣》的募資到太白粉路跑、太陽花學運《紐約時報》（*The New York Times*）廣告六百多萬元的成功，因為找到奮鬥戰場，即使當時台大學籍被退，林大涵也沒有心痛，甚至肋骨斷裂，他也還在辦公室處理募資案細節。

直到二〇一四年六月，當 FlyingV 因為太陽花《紐時》廣告募資三小時內突破六百三十三萬元而聲名大譟，一手打造此案的林大涵，卻接到資遣通知。

三度「遭退」，終於面對自己內心

理由，正是他將 FlyingV 跟自己畫上等號。

他會因為主管每週帶同事打籃球三次，不巧遇上客戶網站當機、沒人處理，而寄信要求主管「改善」，也會為搶下案子，自行決定降低抽成。同時，常常代表公司出外演講、分享群眾募資經驗的林大涵，也漸漸在外界眼中，成為公司的代表，就連《富比世》的人物介紹，也一度以 FlyingV 共同創辦人稱他，直到林大涵去函更正。

當主管只將他定位為產品經理時，這些事情，已經越線。收到資遣通知當晚，林大涵仍在代表公司出外演講，當時二十六歲的他，已經「蒐集」台大、政大兩次退學經驗，再被資遣，大學肄業的他，不知道能去哪裡。

第三次被「退學」，林大涵本來習慣性地要再次「逃避」，離開群眾募資這個戰場；而且他被資遣的消息一傳出，就接到四十三份工作邀請，包括年薪人民幣百萬元的對岸邀約，要離開，相當容易。

然而，FlyingV 的四位夥伴接連離職，加上本來想以群眾募資協會傳遞知識的計畫，被熟識的長輩打斷，逃避的習慣，終於被內心的渴望取代。

林大涵自問，自己是不是真的不想再做群眾募資？還是被「退學」的丟臉讓他不安？檢視自己的內心，他發現，對別人負責很簡單，但對自己負責，很難。群眾募資對他而言，是「人生中第一次認真付出的事」，也因如此，他決定面對，不再因被退學而逃避。

這一次，林大涵跟老同事一起分析現況，透過數字點出一條新路，一條傳統募資平台走不了的路。

贏得信任，讓提案者甘願合作

以二〇一四年的前六十大募資案為例，他們發現近七成募資者希望有外包團隊協助規畫執行；再者，七成的募資總額集中在六％的案件，只要他們抓對募資案，即使無法像募資平台網站一年做數百個專案，也有機會賺取足夠的顧問費。也因為他們能夠做更深、更完整的服務，使台灣群眾募資的規模與可能性，有機會再衝得更高。

然而，從過去做單一募資網站平台，到帶領提案者到國內外提案的群眾募資顧問，等於從經營一座港口，到帶領大小船隻行遍世界的導航系統，挑戰更大、服務成本更高，還必須說服客戶，在被網路平台抽成之外，還要再多付一筆費用給顧問。

然而，讓提案者心甘情願「被剝兩層皮」，林大涵靠的，是「忠誠」。

由於群眾募資往往是一個計畫，甚至是夢想，做為顧問，林大涵願意相信六個月、三年之後的事，第一次見面就會提醒提案者夢想中的問題，並幫助提案者找出其計畫背後更大的機會。

身為提案者之一的台灣吧創辦人謝政豪，就曾經想退縮，卻被林大涵說不行，反而讓他堅持到底。畢竟，一個長期的計畫，只有一個人不放棄並不夠。

對做夢者忠誠，是因為林大涵過去就是個夢想不被認可的人。他用柏拉圖的「理型」形容自己的顧問服務：提案者告訴他目標，他就用自身經驗，說明提案的最理想形態。於是，雙方的信任便是關鍵。

第一次見面前，林大涵與團隊會調查全球募資網站，對同類型提案比較成效、消費者反應、媒體相關報導，同時對提案者做身家調查及優劣勢分析。接著，在第一次見面就點出對方的問題與機會，贏得信任。

相信，讓小人物改變社會

女性月事用品「月光杯」提案者莎容企業的品牌總監曾穎凡，便曾在與貝殼放大合作的過程中，為林大涵的專業感到驚訝。當她帶著公司股東口中「不可能成功」的新產品來找貝殼放大，卻發現林大涵對月光杯的了解超乎她想像；而且他只花五分鐘，就認定月光杯有機會成功，從影片、文案、定價，貝殼放大都一手操刀。

比較過各大募資平台的曾穎凡表示，做跨平台、國內外的募資顧問，讓貝殼放大沒有平台本位，反而真正站在提案者這端，且為了讓募資達標，不惜堅持專業、與提案者唱反調。

月光杯幾天內就募到九百萬元的支持，不只讓新產品的開發一炮而紅，還預先獲利。林大涵認為，關鍵在於讓消費者知道，自己力量雖小，但一次購買可支持一個夢想，改變社會一件事情。事實上，就有消費者寫信告訴曾穎凡，她因受文案感動而立刻刷卡支持，可見月光杯文案喚起了女性對選擇的渴望。

對夢想忠誠、讓小人物相信自己能改變社會、讓各種提案跟人才都可能實現……，林大涵說明募資顧問的核心，其實正是他自己過去的追尋。三次「退學」的陰影仍在，林大涵用「會不會又是蓋在沙灘上的沙堡」形容外界對其投以羨慕的成果；即使獲得二〇一五年台灣百大MVP經理人的獎牌，也無法解除他對未來的焦慮。

貝殼放大第一年就成長至超過五十人，他幾乎睜開眼睛就在工作，假日也在公司，創業的路途雖然辛苦，但這一次，他將證明被退學三次的自己，能走出一條新路。

一點就通

- 從失敗中習得經驗、面對問題，就能讓失敗變得有意義。
- 相信夢想，並致力達成，小人物也能闖出自己的一片天。

57

成長管理

擴張時的「一、十、一百」法則

開一家自己的店，是許多創業者的目標，但如何才能掌握經營重點，成為「開店勝利組」？業界有個共同說法，是第一家店能不能成功，看產品力，但開到一百家店，決勝點就在於總部的管理能力；這意味著，不同成長階段須具備不同的能力。

本文摘錄麥當勞亞洲區前副總裁、現任上海交大連鎖經營企業總裁EMBA教授李明元，及全台最大線上瘦身平台 iFit 愛瘦身創辦人及董事長謝銘元的一場對談，透過《商業周刊》的提問，分享如何管理品牌連鎖店的擴張。

Q：如何從一家店一步步擴張？

謝銘元：很多創業者尤其是網路電商，有一種普遍思維，認為創業一開始要先做大，先想辦法衝會員數或用戶數，再做下一步打算，所以提供很多免費或低價的服務，甚至認為做品牌要先賠個三、五年，將燒錢合理化。但我的假設是，台灣畢竟是小市場，未必適合矽谷或對岸那套電商戰術，也可能因為我是金融背景出身，較重視財務管理紀律，一開始就很重視市場變現能力，認為創業初期，應該就要提供客戶願意花錢購買的服務和商品，得到市場認同再逐步做大，事業才能走得長遠。

李明元：的確，談到管理能力，一定要思考自己的生意處在哪個階段，每個階段所須具備和疊加的經營能力都不同，可劃分為「一、十、一百」三個階段來看。

第一個階段是「○到一」。開第一家店時，最重要的是建立對的獲利模式（get model right），如銘元說的，要先找到客戶願意花錢購買的商品或服務，站穩第一步，才能進入「一到十」的規模擴大（scale up）階段。

對實體零售業來說，第一個階段在過程中最重要的就是做商圈測試，反覆測試你的「一」是否禁得起考驗，不斷修正產品定位和價格模式，建立強而有力的商業模式，並且同步發展具管理效率的總部。

至於「十到一百」的階段，則牽涉到整體戰略，究竟是繼續一家一家開，還是找出十個市場規模相近的區域，複製「一到十」的成功經驗，發揮「十乘十」的乘數效果，達到開一百家店的規模目標。

當然，如今透過線上電商，「一」可能直接跳躍式成長到「一百」，商業想像更迷人了，但要具備的管理能力也更複雜。

謝銘元：「一、十、一百」確實也很符合 iFit 的發展歷程。回頭看，我們一開始做電商，花了三年才確定以機能服飾為主力商品，第四年開出第一家線下實體店，原本定位是體驗中心，還有營養師做專業檢測，但後來發現大小約十五坪的銷售門市才是客戶要的。確定開店形態後，我們便在全台不同商圈開快閃店，花大半年從北到南進行測試，了解當地消費者、蒐集大數據，且同步訓練儲備店長；因此，從二〇一六年初到二〇一七年中，才能以幾乎每個月一家店的速度，快速在全台開出十九家實體門市。

在開實體店的過程中，我們學習很多，過去做電商，坦白說我們並不知道客戶真正消費或不消費的原因，但透過一對一接觸，客戶會告訴你，他期望的是什麼，甚至還有持黑卡來的消費者，這些客戶都是過去在線上接觸不到的。也因為跨入實體門市經營，面臨新的管理議題，包括庫存控管、供應鏈管理，和現場人員的教育訓練等，都是過去沒有的經驗。

Q：擴張時，最重要的管理能力？

謝銘元：不論是實轉虛、虛轉實，我認為最需要具備的其實是「開放力」，經營者一定要有隨時歸零的準備，並保持開放的學習心態。

線上競爭講究數據思維，也特別有速度感，消費者從看見廣告的那一刻開始，進入網站、瀏覽網頁、添加至購物車、付款成功等，每一個節點停留多久，都有數據可以追蹤。換言之，只要能夠掌握數據力，誰調整的速度快，誰就容易脫穎而出。

但線下實體店，如前面討論到的，除了系統，現場實踐更重要，不只很多商品要客戶現場看、現場觸摸才有感，可能門市作業流程都建立完備了，但現場人員一個表情，或一句問候語的語調不同，銷售成績就天差地別。因此，如何運用電商的數據思維，把實體的人情互動帶回線上，是虛實整合的成敗關鍵。

李明元：一切經營，還是要回到你的核心競爭力，以及如何以管理力為槓桿，翹動市場定位與商業模式。

線上的好處是，可以讓「一」快速成長到「一百」、甚至「一千」，但也可能快上快下；線下的特色則是較能穩健成長，但不管從哪一端出發，經營者都要時時刻刻回頭檢視自己的「一」有沒有與時俱進？是否已該做出調整？否則，當「一」變成「〇」，甚至是「負一」時，店開越多，恐怕反落得賠越多的下場。

58

跨國創業
沒有背景、創投支持的自力更生須知

沒有創業組織協助，也沒有創投引薦，從台灣走向美國、香港、冰島與愛沙尼亞等地布局，App 代工公司「週可思」（Zoaks）與比特幣跨境支付公司「Wagecan」的執行長胡晉豪所展現的，其實是「千禧世代」（一九八〇至二〇〇〇年出生者）善用網路的「Work Smart」特質。

傳統台灣商人布局世界時，往往倚賴人際網絡口耳相傳、雙腳走遍一場又一場的商貿展會，但胡晉豪卻是先透過網路做足功課，再選定目標出手。例如先上網搜尋、比較各國金融自由程度，及對數位金融的開放與否，還有發卡與作業成本等，最後才選擇香港金融機構做為比特幣跨境支付發卡單位，並先一間一間銀行寄電子郵件、打電話詢問合作可能，確立目標才飛去香港面談。

在數位經濟時代，一位數位創業者若想走出台灣、向世界叩門，該怎麼做？以下是《商業周刊》訪問投資遍及美國、中國與台灣等地的創投和新創服務公司，歸納出的三要點。

創業題目以B2B或網路基礎服務為主

首先，創業者在訂定創業題目時，建議以「B2B」（Business to Business）或網路基礎服務為主。

協助各國 App 團隊進入中國市場的上海卓易科技台北辦公室總經理詹群毅認為，創業本質是解決人的問題，得對目標客群的文化與行為有深度理解。跨入異文化已經不簡單，如果進入文化強勢國家如美國，想做消費大眾市場，難度又更高。因為「使用者已有太多選擇，只要服務有一點不到位，就沒機會了」。

心元資本創辦人鄭博仁建議，台灣創業團隊想走到海外，選擇資訊安全、行動支付方案，這類舉世皆然的基礎服務較有機會成功。但他提醒，即便如此，也應先以本國市場為重；很多人一開始就討論該不該去中國、印度，但連把本國市場做好都還有一段距離，也不確定這項需求是否扎實，若在熟悉的市場裡做到最好，自然會有人推你走出去。

勇敢「包裝自己」

其次，創業者得學會台灣人民族性中往往較欠缺的「包裝自己」能力。

常駐矽谷的美國中經合集團投資合夥人黃君耀，近年看過逾五十組想去美國發展的台灣創業團隊，他發現，台灣團隊在溝通表達、行銷包裝的能力上，往往差歐美一大截。他舉例：「比方說介紹自己團隊，每個人就把學歷、曾經在哪家公司工作，很單調地說出來，但這不是重點，不夠有說服力。重點是你做過什麼，因而獲得哪些能力？」

他建議台灣團隊向歐美投資人簡報時，至少得做到：第一，將故事講得簡短卻精彩。最好的方法，是在十幾張簡報內，把自己團隊的最大亮點標識出來，畢竟台灣社會可能比較內斂，外國人相對就很會自誇、很會凸顯自我優勢。

第二，黃君耀認為更重要的是：「你要對潛在跟現有對手透徹分析，告訴別人『我比這些人都強』，以及原因為何。要把優勢非常清楚地講出來。如果有團隊簡報內容完全沒提競爭對手，會讓人打很大折扣。一定要給人理由，為什麼要投資我，而不是投資別人？」

多加連結台灣人脈與資金

最後，則是在走向世界時，善用台灣資源，連結人脈與資金。

之初創投創始合夥人林之晨認為，進到陌生市場募資時，陌生拜訪的效率其實很低，「連在台灣，若人家對你沒有基礎信任，要從零建立已是很冗長的過程，對陌生國家的人來說，更不知道對你的信任程度在哪裡。」

黃君耀表示，其實在矽谷，有很多台灣成功的創業家跟創投很樂意幫助台灣人，例如有「矽谷台灣天使群」，或臉書上也有常駐在美國的台灣創投社群。即便一開始英文不夠好，也可以先透過台灣政府的「創新創業中心」、「台灣競技場」等單位引薦，「經過台灣背景的創投會簡單很多，就像我未必能幫助每個團隊，但很樂意轉介。」

數位經濟時代的淘汰比起傳統產業更快、更殘酷，但低成本、低勞力，且可以跨越地理限制的特性，其實給千禧世代更多走向國際的機會，不妨試著把目光向外看！

成功跨國創業四心法

1. 網路 Work Smart：善用網路免費資訊，選定目標，出手前先做好所有準備。
2. 生意取最大公約數：選文化敏感度低的「B2B」生意，避免文化差異導致失敗。
3. 放下面子推銷自己：面對善於包裝的歐美競爭者，要放下矜持才能成功募資。
4. 人不親土親：透過海外的台灣創投社群引進門，縮短打入異國的摸索期。

創業基因啟動碼：商業周刊30週年最強創業案例精選

作者	商業周刊
商周集團榮譽發行人	金惟純
商周集團執行長	王文靜
視覺顧問	陳栩椿
商業周刊出版部	
總編輯	余幸娟
責任編輯	徐榕英
封面設計	Javick 工作室
內頁版型	邱介惠
內頁排版	張靜怡
出版發行	城邦文化事業股份有限公司 - 商業周刊
地址	104 台北市中山區民生東路二段 141 號 4 樓
傳真服務	(02) 2503-6989
劃撥帳號	50003033
戶名	英屬蓋曼群島商家庭傳媒股份有限公司城邦分公司
網站	www.businessweekly.com.tw
香港發行所	城邦（香港）出版集團有限公司 香港灣仔駱克道 193 號東超商業中心 1 樓 電話：(852) 2508-6231　傳真：(852) 2578-9337 E-mail：hkcite@biznetvigator.com
製版印刷	中原造像股份有限公司
總經銷	聯合發行股份有限公司　電話：(02) 2917-8022
初版 1 刷	2018 年 4 月
定價	300 元
ISBN	978-986-7778-22-2（平裝）

國家圖書館出版品預行編目資料

創業基因啟動碼 / 商業周刊著 . -- 初版 . -- 臺北市：
城邦商業周刊 , 2018.04
240 面；14.8×21 公分 . --（藍學堂；81）
ISBN 978-986-7778-22-2（平裝）

1. 企業管理　2. 創業　3. 個案研究

494.1　　107004093

藍學堂

學習・奇趣・輕鬆讀